COURS PRATIQUE

D'ARBORICULTURE.

PARIS. — IMPRIMERIE DE PAIN ET THUNOT,
rue Racine, 28, près de l'Odéon.

COURS PRATIQUE

D'ARBORICULTURE,

CONTENANT

LES PARTIES OU ORGANES QUI CONSTITUENT UN ARBRE FRUITIER,

LES CONNAISSANCES RELATIVES A LEUR CHOIX,

LES SOINS A DONNER A LEUR PLANTATION,

LA MANIÈRE DE LES TAILLER ET DE LES CONDUIRE,

les semis et les différentes sortes de greffes à leur appliquer;

PAR

LOUIS GAUDRY,

Officier en retraite,
membre de la Société d'horticulture de Paris.

Prix : 2 francs.

A PARIS,

CHEZ L'AUTEUR,

RUE DE GRENELLE-SAINT-GERMAIN, 163,

AU DÉPÔT, CHEZ TOLLART, GRAINIER,

Place des Trois-Maries, 4, en face le Pont-Neuf ;

ET A LA LIBRAIRIE BARBA, AU PALAIS NATIONAL.

1848.

Les jardiniers et élèves qui suivront les cours ne payeront cet ouvrage que
1 fr. 50 c., pris sur les lieux.)

1848

A

M. ACHILLE RICHARD,

DOCTEUR EN MÉDECINE,
MEMBRE DE L'ACADÉMIE DES SCIENCES
ET PROFESSEUR DE BOTANIQUE A LA FACULTÉ DE MÉDECINE
DE PARIS.

MONSIEUR,

Toutes les fois que j'ai eu l'honneur de vous rencontrer, vous avez eu la bonté de m'entretenir de mes arbres fruitiers. Si je suis parvenu à obtenir quelque succès dans l'Arboriculture, je le dois à l'étude de vos précieux ÉLÉMENTS DE PHYSIOLOGIE VÉGÉTALE et aux bons conseils que vous avez bien voulu me donner. En acceptant la dédicace de cet ouvrage, vous avez acquis de nouveaux titres à la reconnaissance et au respectueux attachement de

Votre très-humble et très-dévoué serviteur,

LOUIS GAUDRY.

Paris, le 10 février 1848.

MINISTÈRE DE L'AGRICULTURE ET DU COMMERCE.

Monsieur,

Vous m'avez fait l'honneur de m'entretenir d'un établissement d'horticulture que vous venez de fonder à Paris.

Vous m'avez fait part également de votre intention d'ouvrir un cours public et gratuit d'arboriculture.

D'après le compte favorable qui m'a été rendu, par un inspecteur général attaché à mon ministère, de la tenue de votre établissement ainsi que de la situation des cultures qui y sont pratiquées, je suis heureux d'avoir à applaudir au zèle qui vous anime pour le développement de l'horticulture, ainsi qu'à votre dessein de chercher à en propager l'étude et la connaissance.

Recevez, Monsieur, l'assurance de ma parfaite considération.

Le Ministre de l'agriculture et du commerce.

Paris, le 19 janvier 1848.

A M. Gaudry, rue de Grenelle-Saint-Germain, n° 163.

RAPPORT

SUR UNE

PLANTATION D'ARBRES FRUITIERS

EXÉCUTÉE A PARIS,

Par M. Louis GAUDRY,

Membre de la Société.

MESSIEURS,

Dans votre séance du 4 août dernier, M. GAUDRY, notre collègue, vous a annoncé que son intention étant d'ouvrir à Paris un cours public et gratuit de taille et de conduite pratique des arbres fruitiers, il avait fait, dès novembre dernier, une plantation considérable d'arbres sur lesquels il se proposait de faire ses démonstrations, en commençant par la taille de la première année, et ainsi de suite d'année en année.

La Société, appréciant tout ce qu'une pensée si généreuse peut produire d'utiles résultats, a témoigné à son auteur toute sa sympathie et son approbation ; elle a spontanément nommé

1*

une commission pour visiter cette importante plantation.

Cette commission, composée de MM. Héricart de Thury, notre honorable président; Debonnaire de Gif, vice-président de la Société; Pépin, chef de l'école botanique au Jardin des Plantes, secrétaire de la Société; Forest, amateur-horticulteur, membre du comité de la composition des jardins; Jamin, pépiniériste, membre des comités du jardin d'expériences de la Société et des pépinières; Malot, cultivateur d'arbres fruitiers, à Montreuil, membre du comité des pépinières; Neumann, chef des serres chaudes au Jardin des Plantes, membre du comité des plantes; Lepère, cultivateur de pêchers à Montreuil, membre de la Société; Jacques, jardinier en chef du domaine de Neuilly, membre de la Société, a bien voulu m'adjoindre à elle, et m'a même chargé de vous présenter son rapport; c'est ce dont je vais m'acquitter.

Vous le savez déjà depuis longtemps, M. Gaudry est un amateur passionné et éclairé de l'arboriculture; il connaît tout ce qui a été écrit sur la taille et la conduite des arbres fruitiers; il taille ses arbres lui-même avec discernement. Les beaux arbres modèles qu'il a formés dans sa propriété de Presles, près Beaumont (Seine-et-Oise), vous sont connus; plusieurs fois vous les avez fait visiter par vos commissions, qui toujours ont approuvé le travail de M. Gaudry : il joint donc la théorie à la pratique, réunion, nous osons le dire, indispensable à un bon professeur de taille et conduite d'arbres fruitiers.

Le zèle de M. Gaudry, son désir ardent d'être utile, l'ont porté à répandre d'abord autour de lui les connaissances que la science et sa propre expérience lui ont acquises ; en 1845, il vous a lu un rapport très-instructif des observations qu'il venait de faire sur différents jardins de l'Allemagne, et que vous avez inséré dans vos *Annales.* C'est à Presles qu'il a commencé à communiquer aux propriétaires qui l'entouraient, ainsi qu'à leurs jardiniers, son zèle et ses lumières : il ne s'est pas borné là ; aujourd'hui c'est à Paris même qu'il veut réaliser sa généreuse pensée en créant une école où, dès le 1er mars 1848, il ouvrira son cours gratuit de taille et de conduite pratique des arbres à fruits, pour les jardiniers et leurs jeunes élèves.

Le jardin de son habitation, rue de Grenelle-Saint-Germain, 163, est un carré rectangle de plus d'un demi-arpent, en bon sol calcaire, clos de murs, donnant les expositions du sud, de l'ouest, de l'est et du nord, ou du midi, couchant, levant et nord ; il est exclusivement consacré à la culture des arbres fruitiers ; il a été convenablement défoncé en totalité à 1 m. 33 c. de profondeur, rechargé par de bonne terre végétale neuve provenant de fouilles de la rue de Babylone.

C'est là que, dès novembre dernier 1846, il a planté avec soin quatre cent quatre-vingt-deux Pêchers de diverses variétés, cent vingt Poiriers, trente Pommiers, quelques Pruniers et des Vignes. D'anciennes Vignes ont été recouchées pour former trois cordons au-dessus de l'espalier du mur faisant face au midi, ce mur ayant 13^m,33 de hauteur et les autres murs seulement 3^m,33 sous chaperon; ces vignes couchées ont émis des rameaux qui ont, en moyenne, 5 mètres de longueur.

Quelques anciens arbres refaits ont été conservés; ce qui porte le nombre total des sujets à tailler à sept cent soixante.

Aujourd'hui tous ces arbres sont d'une belle végétation et de la plus belle espérance. Les Pêchers, surtout, sont d'une vigueur remarquable; leurs rameaux ont, en moyenne, 1 mètre de long : quelques-uns vont jusqu'à 1^m.70 et sont encore en végétation.

Tout le jardin est couvert, en plein carré, d'un fort paillis en fumier long; on n'y voit pas une seule herbe ou plante parasite.

M. Gaudry se propose de donner à ces arbres les diverses formes généralement reconnues

V

les meilleures; il en formera aussi sur certaines
formes qu'il affectionne plus particulièrement.
Aussi, par exemple, il formera des Pêchers en
vase plein-vent, comme votre commission en a
vu un beau modèle à Presles; d'autres pour espalier en palmette, c'est-à-dire sur une seule tige
verticale, avec des membres horizontaux opposés et espacés de 70 centimètres : ce qui donnera un espace suffisant pour palisser les branches à fruit du membre supérieur et celles du
membre inférieur.

Cette forme représente assez bien la figure de
l'arête dorsale d'un poisson.

Pour établir cette forme, il faut, dès la première année de pousse, obtenir trois rameaux,
un que l'on dresse verticalement; il est destiné
à prolonger la tige verticale, et deux latéraux,
que l'on ouvre en V à 45° : ils formeront les
deux premiers membres qui, par la suite, seront palissés horizontalement.

Chaque année, on tire deux nouveaux membres et on prolonge la tige verticale de 66 centimètres, s'il est possible.

Il a conçu, pour la pyramide du Poirier en
plein vent, une modification qui consiste à obtenir une première couronne ou verticille de
branches à bois ou membres, qu'il appelle
n° 1er; ensuite, à une distance raisonnée, il tire
une seconde couronne ou verticille de branches

ou membres, qu'il nomme n° 2. Les membres de ce n° 2 doivent être rigoureusement placés au-dessus et dans l'intervalle que forment les deux branches qui sont au-dessous, et doivent alterner avec elles. Les branches de la couronne n° 3 correspondront perpendiculairement avec celles du n° 1ᵉʳ, celles du n° 4 avec celles du n° 2, et ainsi de suite, de sorte que toutes les branches des numéros impairs seront superposées, ainsi que toutes celles des numéros pairs.

Cette forme, qu'il nomme *pair et impair*, est bonne, rationnelle, arréable à l'œil, favorable à la circulation de l'air et de la lumière, par conséquent à la beauté et à la qualité du fruit ainsi qu'à la santé de l'arbre.

Il est bien entendu que le nombre des couronnes des branches n'est pas limité ; il est subordonné à la vigueur du sujet, puisqu'on pourra en établir tant que l'arbre voudra bien y répondre.

Cette forme s'obtiendra facilement au moyen de la taille et du pincement combinés.

M. Gaudry ayant réfléchi que sur les rameaux du poirier les feuilles et, par conséquent, les yeux ou gemmes sont placés en spirale, il lui a semblé qu'il serait rationnel de placer les branches sur la tige dans cet ordre en spirale ; c'est ce qu'il va essayer d'obtenir.

îl nommera cette disposition *forme en spirale*.

Cette forme a, selon nous, beaucoup de rapports avec celle *pair et impair*, ne vaudra pas mieux et sera bien plus difficile à obtenir.

M. Gaudry suit, comme nous, les expériences qui se font au Jardin des Plantes pour constater l'action salutaire des composés ferrugineux solubles sur les végétaux chlorosés. Nous avons vu chez lui une application concluante de cette utile découverte due à M. le professeur Eusèbe Gris. Il avait plusieurs jeunes pêchers, dont l'extrémité des deux rameaux était attaquée de la chlorose ; il les a immergés dans la dissolution du sulfate de fer. En très-peu de temps la maladie a cessé d'envahir l'arbre : les nervures ont d'abord reverdi ; la chlorophylle a reparu par macules sur le limbe des feuilles chlorosées ; les extrémités des rameaux, qui étaient arrêtées dans leur croissance, ont émis de nouveaux bourgeons garnis de belles feuilles bien développées, d'un beau vert printanier et qui sont en pleine végétation non interrompue.

M. Gaudry est amateur instruit et praticien habile ; son zèle ardent l'a porté à créer quelque chose d'utile à l'arboriculture pour laquelle il est passionné : en mettant à exécution sa généreuse pensée, il a fait preuve d'un grand désintéressement, car il ne demande que l'appui moral de la Société d'horticulture de Paris, qui, nous aimons à le penser, ne lui manquera pas.

Pour témoigner à M. Gaudry votre sympathie et votre approbation, en même temps pour donner à son louable projet la publicité dont il a besoin, votre commission a l'honneur de vous proposer l'insertion du présent rapport dans le prochain numéro de vos *Annales*.

BOUSSIÈRE, rapporteur.

Paris, 17 *août* 1847.

—

Les Cours gratuits auront lieu :
Les dimanches et jeudis à midi, pour les jardiniers et leurs élèves;
Et se continueront jusqu'au mois d'août.

Rue de Grenelle-Saint-Germain, 163, près les Invalides.

PRÉFACE.

—

Le public ne veut plus de théorie en arboriculture; il ne veut plus que l'imagination crée au coin du feu des formes d'arbres qui n'existent sur le papier qu'à l'aide de figures mathématiques plus ou moins en rapport avec le mode de végétation.

Il veut des arbres matériels, effectifs, créés par la main du *praticien* d'après les lois naturelles de cette même végétation; des arbres qu'il peut voir, qu'il peut toucher, qu'il peut opérer lui-même en approuvant ou condamnant les différentes figures sous lesquelles ils ont été dirigés.

C'est donc un *cours* essentiellement *pratique* que j'offre au public, en n'employant que les termes scientifiques les plus indispensables à un arboriculteur, en les traduisant dans les termes de l'art, afin de les placer à la hauteur de toutes les intelligences, et en renvoyant aux *Éléments de botanique et de physiologie végétale* de M. Achille RICHARD, ceux des amateurs qui auront le désir d'acquérir une instruction plus complète.

Loin de moi la prétention de vouloir publier un *Traité* sur l'arboriculture : il en existe plusieurs qui sont appréciés à leur juste valeur. Loin de moi aussi la prétention de me poser en *maître* : ce titre est trop difficile à acquérir. Qui peut se flatter d'avoir élevé des arbres accomplis ? Cet art, qui a toujours été négligé en France, est plus profond qu'on ne le pense généralement ; il est digne de fixer l'attention des personnes les plus sérieuses, les mieux placées. Ma seule intention, en cédant aux demandes qui m'ont été adressées, a été d'offrir aux jardiniers et à leurs élèves des principes simples, faciles à comprendre, faciles à appliquer, et dont l'expérience a constaté les heureux résultats.

Dès ma jeunesse j'éprouvai le goût de l'arboriculture ; j'étais élève chirurgien à l'hôpital d'Autun, de 1813 à 1815, lorsque j'ai commencé à tailler avec le jardinier de ce bel établissement. J'allais aussi, tout à côté, à Saint-Jean-le-Grand, et ma serpette à la main, trouver le père *Mater*, qui taillait les arbres fruitiers du jardin de mon père, et qui était réputé pour le plus habile jardinier d'Autun. Au commencement de 1815, j'avais seize ans ; je quittai l'hôpital pour rejoindre le 11ᵉ de chasseurs à cheval, dans lequel servait mon frère ; je faisais partie de l'armée de la Loire lorsque mon régiment fut envoyé en Vendée pour attendre le licenciement : là, comme dans toutes les villes où j'ai séjourné comme militaire, j'ai toujours mis à profit mes

instants de loisir pour étudier les amélio-
rations que j'observais dans chaque pays ;
en garnison à Paris, j'allais au Jardin des
Plantes admirer les belles pyramides et
recevoir les conseils de l'excellent professeur, M. d'Albret. Étant en disponibilité
à Presles en 1837, j'ai trouvé dans le
brave et regrettable colonel *Dervillé*, un
ami dévoué et un arboriculteur distingué.
Nous nous rendîmes ensemble à Montreuil
afin d'introduire dans notre canton de
bons principes. Nous désespérions de
trouver des pêchers remarquables, lorsqu'en visitant la propriété de M. Lepère,
nous y trouvâmes un espalier de toute
beauté. Je fus d'autant plus heureux de
cette bonne fortune, que M. Lepère eut
l'obligeance de mettre à ma disposition
la clef de son jardin pour m'exercer sur
ses beaux pêchers, lorsque, par suite
de son absence, je me trouverais privé
des conseils de son expérience.

De retour dans mon pays, mes arbres ne me suffirent plus. J'ai restauré, taillé et palissé, deux ans de suite, les espaliers des murs du parc de Belle-Vue, d'une contenance de quinze hectares, qui appartenait à mon voisin, afin de prouver aux uns et aux autres que l'arboriculture est un art à la portée de toutes les conditions, de tous les âges et de toutes les intelligences.

Retraité en 1846, après 31 ans et demi de services et 47 ans et demi d'âge, j'ai dû quitter Presles pour suivre à Paris l'éducation de mes enfants, mais avec la ferme résolution de ne pas renoncer à la culture des arbres fruitiers.

Pénétré de l'importance des demandes adressées à la Société d'horticulture de Paris par des préfets, des conseils généraux et par un grand nombre de propriétaires de plusieurs départements pour obtenir des jardiniers capables de propager autour d'eux de bons principes de taille et de conduite des arbres fruitiers, j'ai pensé que je pourrais me rendre utile en ouvrant un *Cours gratuit*. A cet effet, et pour hâter le progrès dans les départements, je me suis adressé à M. le ministre de la guerre afin d'être autorisé à instruire *gratuitement* les sous-officiers et soldats de la garnison de Paris, qui auront droit à leur congé à la fin de l'année pendant laquelle ils auront suivi mes *Cours*. Je suis heureux d'apprendre, au moment de faire imprimer cet ouvrage, que par un ORDRE DU JOUR DE LA PLACE DE PARIS, en date du 9 février 1848, sur la proposition de M. LE LIEUTENANT-GÉNÉRAL COMMANDANT LA PREMIÈRE DIVISION MILITAIRE, LE MINISTRE DE LA GUERRE A AUTORISÉ les sous-officiers et soldats à suivre mes *Cours*, qui commenceront le 1ᵉʳ mars 1848, et qui se continueront chaque semaine jusqu'à la fin d'août.

On m'a donné bien des fois le titre de passionné pour l'arboriculture, eh bien, je l'accepte ! je veux m'efforcer de le mériter ; car le secret de réussir dans un art, c'est d'en avoir la passion, et je soutiens que le progrès doit partir de Paris pour se répandre dans toutes les localités de notre beau pays, en satisfaisant à tous les désirs et à toutes les demandes.

Dans mes différents voyages en Angleterre, en Belgique, en Allemagne et en Italie, j'ai toujours recherché les arbres fruitiers, et j'aime à répéter que nulle part je n'ai vu de plus beaux produits que les pêchers de M. Lepère, les treilles de M. Malot et les poiriers en pyramide du Jardin des Plantes, à Paris.

Cet ouvrage sera divisé en quatre parties :

La première comprendra les *organes qui constituent un arbre* et les *phénomènes essentiels de la végétation;*

La deuxième contiendra toutes les *notions relatives aux choix des jeunes arbres fruitiers et aux soins à donner à leur plantation.*

La troisième sera consacrée à la *taille et à la conduite de ces mêmes arbres.*

Dans la quatrième, je donnerai un aperçu des *semis et des différentes sortes de greffes applicables aux arbres à fruits.*

Les figures représenteront : 1° les arbres de ma plantation de Paris dans l'état où ils se trouveront à la fin de 1848 ; 2° Cinq arbres élevés à Presles et peints à l'huile en 1846. Des commissaires *ont certifié* que ces peintures représentaient parfaitement les mêmes arbres que ceux mentionnés dans leur dernier rapport.

COURS PRATIQUE

D'ARBORICULTURE.

PREMIÈRE PARTIE.

DESCRIPTION DES ORGANES QUI CONSTITUENT UN ARBRE

ET

PHÉNOMÈNES ESSENTIELS DE LA VÉGÉTATION.

Il est de toute nécessité que l'homme chargé de suivre un arbre dans toutes les époques de sa vie, de le maintenir dans les conditions nécessaires à sa bonne santé et de remédier à ses maladies, connaisse bien les parties ou *organes* qui le composent, et les usages de ces organes. Je vais donc esquisser ici, en peu de mots, les différentes parties qui le constituent et indiquer la manière dont s'accomplissent les périodes de son existence.

CHAPITRE I.

Les organes qui constituent un arbre sont : la *tige*, la *souche*, les *racines*, les *feuilles*, les *fleurs* et les *fruits*. La tige est la partie qui, s'élevant hors de terre, se divise en *branches*, *rameaux* et *ramilles*; elle porte les feuilles, les fleurs et les fruits qui leur succèdent. Elle se compose d'une écorce et d'un corps *ligneux* (le bois).

L'*écorce* est formée de plusieurs couches superposées, intimement soudées les unes avec les autres en procédant de l'extérieur vers l'intérieur, ainsi qu'il suit :

1° L'*épiderme* (*dessus de la peau*), très-mince, qui s'enlève facilement et qui recouvre la surface de toutes les parties de l'arbre;

2° La couche *subéreuse* (origine du *liége*), formée d'un tissu cellulaire brunâtre;

3° Le *mésoderme* (*milieu de la peau* ou *écorce moyenne*), ou l'enveloppe herbacée;

4° Les couches *corticales* (couches de l'*écorce*), composées d'un grand nombre de feuillets minces et *fibreux* unis entre eux par du tissu cellulaire et pouvant se séparer les uns des autres comme les feuillets d'un livre, ce qui les a fait nommer le *liber* ou les couches *corticales*;

5° Enfin l'*endoderme* (*dedans de la peau* ou *écorce interne*), couche de tissu cellulaire la plus intérieure de l'écorce; elle est en contact avec l'*aubier* qu'elle augmente chaque année d'une nouvelle couche à l'aide de la séve descendante; elle forme aussi une nouvelle couche d'écorce. C'est en raison de cette fonction qu'on la nomme encore couche *génératrice* (*qui engendre*).

Le corps *ligneux* (ou le *bois*) se compose de tissu *ligneux*, disposé par couches circulaires, emboîtées les unes dans les autres.

Le centre de la tige est occupé par la moelle contenue dans le canal *médullaire*.

On appelle *aubier* ou *jeune bois*, les couches ligneuses les plus extérieures, elles sont plus pâles et moins dures que le *cœur du bois*.

La *souche* est la partie de la tige qui vit dans la terre ; elle présente un *pivot* qui se divise en *racines*, de même que la *tige* se divise en *branches* et en *rameaux*. Les racines servent à fixer l'arbre à la terre et à y puiser une portion de sa nourriture par leurs extrémités, elles se composent comme la tige d'écorce et de bois.

La *souche* et la *tige* sont séparées par le *collet*, espèce de cercle où finissent les racines et où commence la tige.

Les *feuilles* naissent sur la tige et ses divisions. Elles se composent d'une partie inférieure étroite et rétrécie qu'on nomme le *pétiole* (la *queue*), qui porte à sa base un *œil*. La partie large et mince des feuilles s'appelle le *limbe* (ou la *lame*).

Le pétiole est formé de vaisseaux qui naissent de la tige et qui se divisent pour constituer les *nervures* des feuilles ; celle du milieu est le prolongement du pétiole, elle partage les feuilles en deux parties, par une côte appelée *nervure médiane* (du *milieu*); sur les parties latérales de cette côte, naissent les *nervures secondaires*, qui se divisent elles-mêmes pour former les *veines*. Le pétiole et les nervures sont de la nature des couches du bois.

Les feuilles se composent encore d'un *parenchyme*, qui vient du prolongement des couches *herbacées* de l'écorce. C'est le parenchyme qui donne aux feuilles cette couleur plus ou moins verte qui leur est naturelle. Le parenchyme de la face supérieure des feuilles est d'une couleur plus verte que le parenchyme de la face inférieure., enfin chaque face des feuilles est recouverte d'un feuillet d'*épiderme* percé d'un grand nombre de très-petites ouvertures nommées *pores* ou *stomates*, destinées à absorber l'air et l'humidité de l'atmospère.

L'*atmosphère* est la masse d'air qui environne la terre.

L'*air* se compose de vingt et une parties d'*oxygène* (*principe de vie*), et de soixante-dix-neuf parties d'*azote* (*principe sans vie*).

Les *fleurs* (*fig.* 1 et 2) contiennent les *germes*, parties de la reproduction qui doivent donner naissance aux graines destinées à la propagation des espèces. Une fleur se compose en procédant de l'extérieur vers le centre :

1° D'un *calice*, espèce de *coupe verte*, formé par de petites feuilles nommées *sépales* et soudées ensemble par leur partie inférieure ;

2° D'une *corolle*, partie la plus apparente des fleurs, composée de folioles

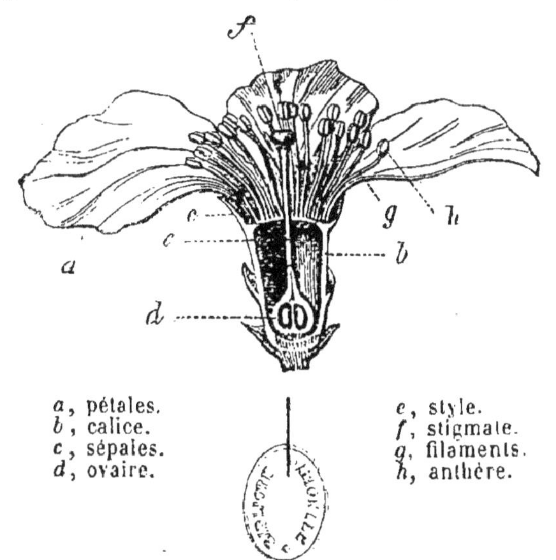

a, pétales.
b, calice.
c, sépales.
d, ovaire.

e, style.
f, stigmate.
g, filaments.
h, anthère.

minces, délicates et plus ou moins colorées qu'on appelle *pétales ;*

3° Des *étamines (organes sexuels mâles)* formées d'un support *filamenteux* en forme de fil, et terminées par une *anthère,* espèce de petite poche, qui contient le *pollen*, poussière fécondante ;

4° D'un *pistil*, vulgairement l'*aiguille*, *organe sexuel femelle ;* il occupe le centre de la fleur et se compose de l'*ovaire*, du *style* et du *stigmate*. L'*ovaire* est situé à la partie inférieure du pistil, il est renflé et creux, et contient les *germes* destinés à devenir les *graines*, quand ils auront été fécondés par l'action du pollen. Au dessus de l'ovaire se voit le *style*, petit tube terminé par le *stigmate*. Le stigmate, corps glanduleux (*partie essentielle de l'organe femelle*), qui attire la poussière fécondante. Le style est chargé de conduire la matière fécondante aux germes, renfermés dans l'ovaire.

CHAPITRE II.

—

Les arbres se nourrissent avec la *séve* qui circule dans toutes leurs parties. La séve est pour l'arbre ce que le sang est pour les animaux ; c'est elle qui porte la vie et toutes les matières de l'accroissement dans les organes des arbres.

Les racines plongées dans la terre absorbent par leurs extrémités, qu'on nomme *spongioles*, l'eau imprégnée des matières solubles et nutritives qu'elle contient ; quand cette eau monte dans la tige, elle dissout le mucilage qu'elle y rencontre, devient plus épaisse et forme la séve.

La séve monte par le bois et particulièrement par les couches ligneuses les plus extérieures formant l'aubier. Lorsqu'elle est parvenue vers les extrémités des branches, elle se répand dans toutes leurs feuilles ; là elle se modifie par son contact avec l'air que les feuilles ont absorbé par leurs pores. Celles-ci laissent évaporer par leur face supérieure une partie de l'eau qui constitue la séve ; elles rejettent aussi des matières devenues inutiles, telles que du sucre, de la gomme, etc.; alors la séve, convenablement élaborée, rendue plus active, plus nourrissante, redescend par l'écorce au moyen du pétiole.

Il y a donc deux mouvements en sens inverse de la séve : l'un par lequel elle s'élève des racines vers les feuilles, c'est la *séve ascendante.* L'autre qui la ramène des feuilles vers les racines, c'est la *séve descendante.*

Ce travail dure pendant tout le temps de la végétation.

En parcourant toutes les parties de l'arbre, la séve dépose dans chacune d'elles, les matières nécessaires à les nourrir, c'est surtout la *séve descendante,* mieux élaborée, mieux préparée, qui est plus spécialement chargée de remplir ces fonctions.

C'est avec juste raison que l'on a comparé les fonctions des feuillles pour la vie de l'arbre, à celles des poumons pour les animaux : en effet, c'est dans les poumons que le sang vient, par l'acte de la respiration, reprendre, par son contact avec l'air, les qualités *nécessaires* à l'entretien de la vie.

La séve vient également se répandre dans le parenchyme des feuilles pour que l'air, qu'elles absorbent sans cesse, la rende propre à fournir à toutes les parties d'un arbre, les matières *nécessaires* à son existence et à son accroissement. Si l'on dépouillait un arbre de toutes ses feuilles et qu'on détruisît ensuite celles qui voudraient se développer, on serait exposé à voir périr cet arbre, parce que les racines abandonnées à elles-mêmes seraient insuffisantes pour le nourrir en pleine végétation. La séve est attirée vers les parties supérieures d'un arbre par l'espèce de succion que les feuilles exercent constamment et par la déperdition qui se fait à leur surface par suite de l'évaporation on de la *transpiration*. Il résulte de cette tendance naturelle de la séve à se porter vers les branches supérieures, que celles qui sont placées au-dessous des premières, recevant moins de sucs nourriciers, végètent moins vigoureusement et finiraient même par succomber tout à fait si l'on n'y portait remède. Une des parties les plus essentielles de l'arboriculture doit être de chercher à établir une égale répartition de la séve dans tous les membres de l'arbre, afin d'y maintenir l'équilibre de végétation. Il faut donc, par des moyens et des formes variés, favoriser le cours de la séve dans les branches inférieures et l'empêcher de se porter trop violemment vers les branches supérieures ; c'est là que doivent tendre tous les soins de l'arboriculteur habile, qui sait en quelque sorte maîtriser la nature et la faire se plier, par des pratiques raisonnées, à concourir efficacement au but qu'il se propose d'atteindre.

J'aurai soin, dans le cours de cette méthode, d'indiquer les principes à l'aide desquels un praticien parviendra à diriger et à régulariser le cours de la séve dans toutes les parties d'un arbre.

Vers la fin de l'été les feuilles se trouvent fatiguées d'un tel travail, elles s'épaississent parce que les forces absorbantes diminuent ; une portion de la séve élaborée forme une nouvelle couche d'aubier et le surplus de cette même séve reflue jusque vers les racines.

Quelques jours après, suivant les conditions plus ou moins favorables de l'atmosphère, les yeux qui se sont formés avec la séve élaborée et particulièrement ceux qui terminent les bourgeons, provoquent en se développant un nouveau mouvement de la séve, une nouvelle végétation que l'on nomme *séve d'août*.

Elle sert à la reprise des écussons à œil dormant.

En automne l'atmosphère devient plus froide, les feuilles cessent d'absorber. La séve élaborée a nourri les fruits, formé une nouvelle couche d'aubier et redescend en partie vers les racines. L'écorce se durcit, les feuilles tombent et l'arbre rentre dans le repos jusqu'au retour du printemps suivant. Quand vous traverserez une forêt en hiver, ramassez une feuille dépourvue de l'épiderme et du parenchyme, vous pourrez vous faire une juste idée de la beauté de ses nervures et de ses veines.

Le but final de tous les phénomènes de la végétation, c'est la formation du *fruit* et des *graines* qu'il contient, afin que ces dernières se développent et puissent devenir aptes à reproduire, par leur germination, de nouveaux sujets lorsqu'elles auront été *fécondées*.

La fécondation des germes se fait dans la fleur au moment où elle commence à s'épanouir; elle varie donc comme les époques auxquelles la floraison a lieu dans les différents arbres.

Lorsque les pétales s'entr'ouvrent aux premiers rayons du soleil printanier; les *anthères*, les *petites poches*, qui contiennent la *poussière fécondante*, se fendent, afin de la laisser s'échapper. Cette poussière colorée, fine et délicate, tombe sur le pistil placé au centre de la fleur et contenant les germes de la reproduction.

Ce seul contact suffit pour que les germes soient fécondés et prennent petit à petit les caractères d'une graine. Il est donc très-essentiel de ne faire subir aucune opération aux arbres à l'époque où s'accomplissent les fonctions mystérieuses de la fécondation. Qui ne sait qu'un vent impétueux longtemps prolongé, ou des pluies trop abondantes à l'époque de la floraison, nuisent à la fécondation des germes et font, comme on dit, *couler* les fruits. Cette *coulure* est due à ce que le vent ou la pluie en entraînant le *pollen,* ont empêché les germes d'être convenablement fécondés.

L'œil contient des bourgeons *non* développés et les protége *contre* les intempéries des hivers par le moyen de ses écailles.

Le bouton contient des fleurs également recouvertes d'écailles, il est plus rond, plus volumineux que l'œil et entre en végétation avant lui.

Le bourgeon est la production de l'œil développé, il conserve ce nom de bourgeon pendant toute la végétation.

Le bourgeon anticipé est la production d'un excès de séve en pleine végétation, ou d'un pincement trop sévère, par suite duquel se développent des yeux qui auraient dû rester dormants.

Le rameau est la production d'un bourgeon qui a cessé de végéter.

Le rameau anticipé est la production d'un bourgeon anticipé, lorsque la végétation est terminée.

2.

La branche est la production du rameau, mais seulement quand ce rameau, par l'effet de la taille, a développé des bourgeons la seconde année de sa naissance.

DEUXIÈME PARTIE.

DU CHOIX DES SUJETS ET DE LEUR PLANTATION.

CHAPITRE I.

Du choix des sujets à planter.

Quand on veut exécuter une plantation d'arbres à fruits, il faut : 1° consulter un catalogue de pépiniériste, pour
connaître les variétés que l'on désire obtenir dans chaque espèce et en former
une liste ; 2° se munir d'une note qui
expliquera au pépiniériste la hauteur des
murs, l'exposition, la qualité et la profondeur de la terre du jardin à planter ;
3° se transporter dans les pépinières ;
choisir soi-même les sujets qui flattent

le plus la vue, ce qui évite l'inconvénient de renvoyer ceux qui ne conviendraient pas.

Cette première condition de l'avenir d'un arbre, est une chose très-essentielle pour les personnes qui habitent la campagne et qui ne peuvent, sans un dérangement souvent désagréable, choisir elles-mêmes les arbres dont elles ont besoin. Heureusement messieurs les pépiniéristes sont entrés dans une bonne voie, les espèces fruitières se sont améliorées, les soins et l'intelligence ont laissé loin derrière nous les vieilles routines et les appréhensions qui faisaient qu'une plantation d'arbres à fruit était un problème difficile à résoudre. Tout en faisant la part des difficultés qu'éprouve le pépiniériste, j'ai toujours compté sur sa bonne foi; payant largement les sujets de choix qu'il m'envoyait pour économiser mon temps et mon argent, et j'aime à donner un témoignage de ma satisfaction, à MM. Jamin et Durand, pépiniéristes, sur leur exactitude et leur loyauté.

L'*arboriculteur* est celui qui s'occupe de la culture des arbres.

Je nommerai *tigelle*, la première production de l'écusson ;

Tige, cette même production lorsqu'elle est âgée de deux ans et qu'elle a développé une première série de branches ;

Flèche, le produit de chaque année qui sert au prolongement de la tige ;

Forme pyramidale, celle qui est large par le bas, qui diminue progressivement pour se terminer en pointe, et qui doit faire oublier la forme en quenouille.

Je vais probablement exciter quelques susceptibilités, mais lorsque la passion d'un art donne le courage d'écrire une méthode élémentaire, sans aucune idée de spéculer et seulement dans le but d'être utile à la classe si nombreuse et si intéressante des jardiniers et de leurs jeunes élèves, il faut encore avoir le courage de dire toute sa pensée sur une matière qui, bien des années, a occupé mes loisirs et qui intéresse, non-seulement les pépiniéristes, mais la société tout entière. Sincèrement attaché à tous les cultivateurs et amateurs d'arbres fruitiers, ce n'est nullement le rôle de critique que je veux jouer; je n'en possède ni le talent ni le caractère; c'est une amélioration certaine que je veux signaler, afin que l'arboriculture fasse les mêmes progrès que la culture des fleurs et des plantes légumineuses.

Depuis quelques années messieurs les pépiniéristes de Paris et des environs emploient le *pincement* pour former plus promptement les jeunes arbres et particulièrement la tige des poiriers destinés à former des pyramides.

Cette opération du *pincement* n'est pas assez connue des arboriculteurs, quoique j'ai annoncé, dans une notice du mois de janvier 1845, que M. de Combles la pratiquait déjà en 1744, que j'en avais la preuve écrite entre les mains et que c'était d'après les instructions de cet arboriculteur distingué, que j'avais étudié les effets du pincement sur toutes les espèces d'arbres à fruit.

Je l'expliquerai donc dans chacun des articles que je vais traiter, afin que tous les praticiens puissent exécuter cette opération avec l'intelligence qu'elle exige. Or, pincer un bourgeon c'est supprimer, avec les ongles du pouce et de l'indicateur, la partie tendre d'un bourgeon dont on veut retarder la croissance : c'est une taille anticipée que les pépiniéristes font subir, dans le courant de mai, aux jeunes tigelles à peine âgées de six semaines.

Cette opération se pratique au-dessus et près d'une feuille, lorsque la tigelle a atteint la hauteur de 20 à 30 centimètres, et a pour résultat le développement des yeux placés à l'aisselle des cinq ou six feuilles qui se trouvent immédiatement au-dessous de cette taille anticipée. Le plus élevé de ces yeux fournit un bourgeon qui sert au prolongement de la jeune tige ; tandis que les quatre ou cinq autres produisent une première série de futures branches, pendant la dernière partie de cette première année de végétation.

Au printemps suivant, messieurs les pépiniéristes taillent cette première série de branches à une bonne longueur ; la flèche du jeune sujet est également taillée pour faire développer une deuxième série de branches. Enfin, *quelques-uns* pincent *encore* la flèche à la fin du mois de mai pour obtenir une troisième série, de manière qu'à la fin d'octobre, tous les jeunes arbres qui ont subi ce traitement présentent à la vue des acquéreurs trois couronnes, ou trois séries de branches obtenues pendant la végétation des deux premières années.

L'industrie d'un pépiniériste, étant de présenter et de placer ses produits le plus avantageusement possible, ces tailles anticipées n'ont été pratiquées que pour séduire les acheteurs : en effet, il est clair pour tout le monde qu'on a gagné une année, par la raison que, dans l'ordre naturel de la végétation et dans une taille bien appliquée à de jeunes sujets, il suffit d'obtenir, chaque année, une seule série de branches en forme de couronne. *Hélas!* c'est le cas d'appliquer le proverbe : « *Qui va doucement va sagement.* » Ces opérations prématurées dérangent les plans de la nature sans aucun profit en faveur de l'art; mais en nous léguant de graves inconvénients pour l'avenir et la perfection de nos arbres fruitiers, et particulièrement aux poiriers destinés à la forme pyramidale, voici le fait :

Les bourgeons des première et troisième série de branches étant nés dans la fougue de la séve, les premiers yeux et les premières feuilles sont portés de 6 à 8 centimètres au-dessus de leurs talons ou de leurs insertions sur la tige, et sont appelés avec raison faux bourgeons, je dirai *bourgeons anticipés* ; tandis que ceux de la deuxième série , qui sont *nés* par l'effet de la taille du printemps , qui sont *restés* à œil dormant tout l'hiver , développent de vrais et vigoureux bourgeons, pourvus à leur base de 2, 3, 4 et jusqu'à 5 feuilles , par conséquent autant d'yeux qui formeront des boutons et les boutons des fruits.

Les bourgeons anticipés sont privés de ces yeux , leur constitution est plus faible , et ils ont encore le désavantage de ne pas se prêter toujours à la taille qu'on veut leur appliquer ; à cause de leur nudité vers leur base , de la mauvaise qualité du bois et de celle des yeux qui ne produisent que des bourgeons peu vigoureux et par suite des branches médiocres, avec lesquelles il est impossible d'obtenir la forme pyramidale selon toutes ses conditions.

Je ne puis m'empêcher de citer l'opinion de M. Malot, homme de talent et l'un des membres de l'honorable commission qui a visité ma plantation à Paris, au mois d'août dernier.

Après avoir expliqué à cette commission mes griefs contre le pincement de la tigelle au mois de mai de la première année de végétation ; après avoir fait remarquer la différence de vigueur qui existait entre les tigelles non pincées et celles qui l'avaient été, la mauvaise qualité des bourgeons anticipés nés à la suite de ce premier pincement, et la nécessité de les sacrifier, M. Malot s'est écrié : « Vous avez raison, il faut les supprimer jusqu'aux sous-yeux ! » Il était impossible de m'approuver d'une manière plus complète. Pourquoi faire développer ce que l'on doit anéantir ensuite? Pourquoi se trouver réduit aux sous-yeux pour former la première série de branches qui doit être la plus vigoureuse parce qu'elle sert de base, non-seulement à la pyramide, mais encore à toutes les autres formes?

Cette forme pyramidale, avantageuse

au poirier, sera très-facile à obtenir en ne plantant que des sujets de *deux ans et demi*, dont les greffes ne seront âgées que de *six* à *huit mois* au moment de l'arrachage. Le rameau qui terminera la jeune tige, ainsi que *ceux* qui auraient pu se développer naturellement dans son voisinage, n'auront été pincés qu'aux mois d'août ou de septembre, alors que la greffe était âgée de cinq à six mois, afin d'*aoûter* (préparer seulement) les yeux qui se trouveront à la hauteur de la première taille (20 à 40 centimètres au-dessus du sol) et qui produiront, l'année suivante, une flèche et une première série de branches : les jeunes tiges en seront droites, saines, unies et claires, quelle que soit leur grosseur.

Ces explications sont toutes en faveur d'un progrès que j'appelle de mes vœux les plus ardents, et qu'il est d'autant plus facile d'obtenir, que le pépiniériste vendra les sujets de deux ans et quelques mois aussi cher que ceux de quatre à cinq ans, qui réclament plus du double de soins, et qui occupent, en définitive, dans la pépinière, une place qui servirait à en élever un deuxième dans le même laps de temps. L'acquéreur y gagnera également, parce qu'il aura un jeune sujet dont les parties tendres se prêteront à toutes les formes qu'il voudra obtenir. Si, au contraire, il veut un jeune arbre de dix-sept à dix-huit mois de greffe, qui aura déjà reçu la première taille à la pépinière, il en trouvera également, parce que toutes les greffes de l'année ne seront appréciées et vendues la même année que lorsque les acheteurs connaîtront véritablement leur intérêt.

Je conseillerai toujours de choisir des sujets greffés sur *franc* pour former de belles pyramides, parce qu'ils poussent plus vigoureusement, qu'ils se *défendent* dans tous les terrains, que leur longévité est incontestable, et qu'à l'aide de pincement tel que je l'expliquerai, on parviendra facilement à les mettre à fruit au bout de trois ou quatre ans de plantation ; enfin, parce que cette production ira toujours en augmentant non-seulement par le nombre des fruits, mais encore par leur qualité qui n'est pas satisfaisante les deux ou trois premières années. Cependant, quand on possédera une bonne qualité de terre, on fera bien de planter aussi des poiriers en pyramide greffés sur coignassiers.

Quant aux arbres pour espalier, si la hauteur des murs est moindre que 2 m. 60 c. on pourra planter à l'exposition de l'est et du nord également quelques variétés greffées sur coignassier, parce qu'il pousse moins vigoureusement, qu'il se met plus promptement à fruit, et que les fruits acquièrent plus de qualité. Les expositions du midi et de l'ouest, dans les terrains brûlants, sont trop chaudes pour ces sortes de sujets. J'expliquerai ma pensée à l'article *Taille*, sur toutes les espèces.

Le moment n'est pas éloigné où l'on

doublera et triplera les plantations d'arbres fruitiers; où l'on trouvera dans toutes les communes de notre beau pays des arbres modèles qui procureront toutes sortes de jouissances, au pauvre comme au riche, au vieillard comme à l'adolescent, et aux uns comme aux autres un but agréable, utile et moral. Il est bien temps que chaque département possède de bons pépiniéristes dont les établissements seront visités par les sociétés d'horticulture qui s'organisent sur tous les points et qui décerneront des récompenses à ceux qui offriront le plus de garanties aux acheteurs sous le triple rapport des espèces et de leurs variétés, de la belle santé des sujets et de la bonne direction des pépinières avec catalogue.

C'est ainsi que plusieurs pépiniéristes de Paris et des environs ont procédé et ont acquis en peu d'années une réputation justement méritée, en augmentant considérablement leur industrie qui peut encore se perfectionner, dans leur intérêt personnel, et dans celui des acheteurs mille fois plus nombreux que les connaisseurs : et comment pourrait-il en être autrement? qui est-ce qui donne des leçons de taille? qui est-ce qui enseigne les principes avec lesquels on doit conduire un arbre *selon sa puissance végétative*, qui est la partie la plus essentielle de l'art. Jusqu'à ce qu'il y ait un homme capable de l'expliquer publiquement dans chaque département, dans chaque canton, personne ne comprendra son intérêt : la nature sera toujours contrariée sans profit, toujours viciée, et si mon ardeur, mon zèle, la passion de toute ma vie n'était pas au-dessus de mes faibles connaissances, je serais effrayé de la *grande tâche* que j'ai entreprise : (C'est ainsi que M. Bouilhon, un de mes honorables collègues et amateur distingué d'arboriculture, a qualifié la création de mon *École publique et gratuite* lorsque j'ai eu l'honneur de l'annoncer à la Société royale d'horticulture le 4 août dernier). Mais pourquoi serais-je effrayé? J'ai enseigné cet art dans un village, à des vieillards, à des jardiniers qui ne savaient ni lire ni écrire, et dont les beaux succès sont arrivés jusqu'à notre *Société* par l'organe de ses commissaires : pourquoi laisserions-nous se perpétuer l'erreur? pourquoi ne pas expliquer aux acheteurs qu'ils perdent leur temps et leur argent en plantant des sujets de trois et quatre ans de greffe dont la première taille portée à un mètre de hauteur est tellement exagérée que toute la séve passe au profit de quelques bourgeons du haut et de la nouvelle flèche qui s'élance au préjudice des parties basses de l'arbre, lesquelles n'offrent à la vue que des nudités et des productions rabougries qui font manquer *tout l'avenir* d'une pyramide.

Je ne terminerai pas cet article *du choix des jeunes sujets* sans faire un appel au zèle et aux connaissances de messieurs les pépiniéristes, afin d'entrer franchement dans un progrès si naturel et si facile dont ils profiteront les premiers : je leur dirai sincèrement que l'arrachage est un des points les plus essentiels pour faire participer l'acquéreur au bénéfice de ce progrès ; que cette opération se fait le plus souvent fort mal ; qu'il est nécessaire d'enlever la terre en décrivant un cercle proportionné à la longueur des racines du sujet, lequel sera incliné sur le talus de manière à pouvoir couper avec la bêche et laisser assez longues les quelques racines qui le retiendraient encore à la terre, afin de pouvoir le soulever avec cette bêche et l'enlever sans casser, écorcher ou faire éclater ces mêmes racines (je me propose d'en parler plus en détail à l'article *Plantation*) ; il sera d'autant plus facile de les ménager que le sujet sera plus jeune ; avantage immense pour assurer sa reprise dans un terrain qui est bien rarement d'aussi bonne qualité que celui d'un pépiniériste. Un point fort essentiel aussi c'est de ne jamais expédier un jeune arbre sans que l'onglet de la greffe ait été rabattu convenablement. Chose inouïe ! je viens de visiter les départements de Seine-et-Marne, de l'Orne et d'Eure-et-Loir; l'ignorance de certains jardiniers, dont on me vantait la beauté des arbres, est telle, que j'ai trouvé des espaliers plantés depuis deux et trois ans sur lesquels l'onglet n'était point encore rabattu !

Les semis et les différentes greffes dépendant de la profession de messieurs les pépiniéristes, je n'en dirai qu'un mot, afin que cette méthode élémentaire contienne tout ce qui a trait à la culture des arbres fruitiers, qui fixe depuis quelque temps l'attention des personnes les plus sérieuses et les mieux placées, parce qu'on s'aperçoit que chez nous elle est encore à l'état d'enfance ; mais patience, l'élan est donné. A la séance de la chambre des députés du 15 juin 1847, l'honorable M. Darblay a dit : « que l'horticul-
» ture était la mère et le modèle de l'a-

» griculture ; que si on l'imitait dans la
» culture des champs on ne saurait pas
» ce que c'est que l'importation , on ne
» connaîtrait que l'exportation , car la
» France produirait dix fois plus. »

—

CHAPITRE II.

***De l'époque de la plantation et des soins prélimi-
naires qu'elle réclame.***

C'est du 15 octobre au 15 novembre qu'on fait les meilleures plantations d'arbres à fruits; celles du printemps sont moins favorables. Dans le courant du mois qui précédera cette opération il faudra défoncer le terrain à 1 mètre de profondeur sur 2 mètres en tous sens; si l'on rencontre le *tuf* ou la *glaise* avant d'atteindre cette profondeur il faudra s'arrêter pour éviter de traverser ces couches, quand même on aurait l'intention de combler le vide avec de la bonne terre, par la raison que les eaux pluviales ne pouvant traverser ces couches de tuf ou de glaise, parviendraient à faire pourrir les racines du jeune sujet qui se trouverait planté dans une espèce de caisse.

Si la plantation doit se faire dans une terre forte et humide, il est nécessaire de faire les fosses quelques jours avant de planter, afin que l'air pénètre cette terre et la rende plus meuble, plus facile à remuer; on pourra même la mélanger avec une partie de cendres, de sable, et employer du fumier de cheval. Si au contraire la terre est légère, sablonneuse, il faudra se procurer quelques mottes de gazon, prises dans un *endroit* humide, ouvrir les fosses dans le moment même de la plantation, jeter trois de ces mottes dans le fond de la fosse, le gazon reposant sur la terre, les racines en dessus, les couvrir de 20 à 30 centimètres d'épaisseur de terre améliorée et planter.

Pour cette sorte de terre légère il faudra la mélanger par moitié avec de la terre à blé et se servir de fumier de vache.

On ne doit planter, avec toutes les chances de succès, qu'avant ou après les gelées. Si l'on attend des arbres fruitiers, et que les gelées viennent à les surprendre en route, il faudra, lors de leur arrivée à destination, les déposer, tout assemblés, dans une serre tempérée, ou à proximité d'une étable, pour ne les planter ensuite que lorsque l'atmosphère sera redevenue plus douce, et après les avoir déballés et fait tremper les racines, pendant quelques heures, dans une eau également tempérée, pour leur rendre la fraîcheur qu'elles auraient perdue depuis leur sortie de terre.

ARTICLE 1.

Plantation des Poiriers en pyramide.

Quand on aura une plantation un peu considérable à exécuter, trois personnes sont nécessaires. Les terres qui proviendront de la fosse devront être déposées : la couche supérieure, qui est la meilleure, sur l'un des côtés de la fosse ; la couche inférieure, qui est la moins bonne, sur le côté opposé, de manière à laisser libres les deux côtés de la fosse qui donneront passage à un cordeau que l'on tendra, d'un bout à l'autre de la ligne, afin que les jeunes sujets soient plantés régulière-ment. Le cordeau donnera en même temps la hauteur de la greffe, qui peut se trouver à quelques centimètres *au-dessous* du niveau du sol en terre *légère*, et à quelques centimètres *au-dessus*, en terre *forte et humide*.

Une gaule, mesurant la distance qui doit exister d'une pyramide à l'autre, sera couchée sur le sol, dans la direction du cordeau, et indiquera exactement le point où chaque sujet devra être planté. La distance à observer entre chaque pyramide, greffée sur *franc*, peut être de 4 à 5 mètres sur tous les sens, dans les terrains de bonne qualité et bien aérés, où ils poussent plus vigoureusement. Cette distance n'est que de 3 mètres dans mon jardin, à cause du peu d'air qui règne à Paris et qui empêche les arbres de pousser aussi vigoureusement qu'à la campagne. Pendant que ces dispositions

seront accomplies à l'aide de deux personnes, la troisième sera employée à la
besogne la plus importante ; cette besogne qui réclame le plus d'attention, le
plus d'intelligence pour la prospérité des
arbres, est, sans contredit, l'inspection
et la taille des racines, et j'avoue franchement que j'étais très-fatigué, il y a un
an, d'avoir préparé les racines de 662
sujets, en procédant de la manière suivante :

On saisira le jeune arbre à la hauteur de
la greffe avec la main droite, qui tiendra en
même temps une serpette bien affilée ; on
passera le sujet de droite à gauche, l'extrémité de la flèche reposant sur le sol ; la
main gauche le saisira par une des grosses
racines placées en dessus et le soutiendra
à la hauteur convenable, le poignet en
avant, le pouce en dessous et allongé sur
cette racine jusqu'au point où la *section*
(la coupure) doit avoir lieu. La main
droite donnant le coup de serpette en dedans des racines, par un mouvement vif,

en tournant un peu le poignet et le rapprochant du bras gauche. Le pouce de la
main gauche, par sa résistance, contri-
buera à rendre l'amputation nette et oblique , et empêchera en outre de rompre ou
d'éclater la racine, dont on retranchera
à peu près la moitié, et plus, si cela est
nécessaire , afin que la partie qui restera
soit très-saine : dans le cas contraire, il
faudrait la supprimer entièrement en faisant des entailles pour l'enlever par petites parties , et en se rendant maître de
son coup de serpette, pour ne pas endommager les autres racines. Il n'est pas donné
à tous les arboriculteurs de se servir de la
serpette avec dextérité; nous en parlerons
à l'article *Taille*.

Lorsque la première racine sera opérée, on tournera le sujet dans la main
gauche, pour couper, les unes après les
autres, toutes les racines selon leur nature. On apportera la plus grande attention
au *chevelu* que l'on traite si mal ordinairement en le supprimant tout entier : je

conseille de ne le couper *qu'à la moitié de sa longueur*, par la raison qu'il est à la souche ce que les bourgeons sont à la tige. J'ai toujours tenu le pivot des racines assez court, afin de le forcer à en produire de nouvelles dans le sens horizontal, et cette opération m'a constamment bien réussi. Les 9 et 10 novembre j'ai arraché seize jeunes pêchers plantés l'année dernière, à pareille époque. La coupe de toutes les racines était cicatrisée, couverte de parties *globuleuses ;* de nouvelles racines s'étaient développées sur toute la longueur des anciennes ; cette végétation était aussi satisfaisante que celle qu'on obtient en taillant un rameau qui produit des bourgeons, dont l'œil terminal représente les *spongioles*, ou bouches nourricières, qui terminent également les racines.

Les racines étant toutes préparées, on plantera le sujet sans retard. Je le répète ; si la terre est légère on placera trois ou quatre mottes de gazon dans le fond de la fosse les racines en dessus, on les couvrira avec de la terre réunie, *en forme d'une petite butte et de la hauteur de* 20 à 30 c. pour y planter le pivot des racines, le dessous du *collet* (partie où finissent les racines et où commence la tige) *reposant entièrement sur cette butte.*

Si la greffe se trouve à la hauteur du cordeau, on continuera l'opération ; dans le cas contraire, il faudra enlever le jeune arbre, toujours à hauteur de la greffe avec la main gauche ; augmenter ou diminuer la hauteur de la butte avec la main droite et asseoir le sujet de nouveau, de manière que la coupure de chaque racine repose sur la terre pour faciliter la cicatrisation. Si la terre est humide, on formera cette *petite butte avec de la terre meuble.* Le sujet sera maintenu verticalement avec la main gauche, à la place qu'il doit occuper, tandis que la main droite étendra et écartera les racines en plaçant une poignée de terre sur chacune d'elles, afin de les fixer de suite à la place la plus favorable à leur développement.

La deuxième personnne se portera à quelques mètres sur la ligne de plantation, pour indiquer si la position du sujet est régulière, puis reviendra prendre la bêche pour faire tomber légèrement de la terre autour du carré de la fosse. La personne qui tiendra le sujet fera entrer, avec la main droite, de la terre bien *menue* entre les racines, afin qu'il n'existe *aucun vide entre elles;* passera les doigts écartés *sous les racines* pour leur faire prendre une position presque horizontale et leur donner, en terme de l'art, la forme *du pied d'un chandelier.* On les couvrira de 15 à 20 c. de terre neuve, puis une couche de fumier de cheval pour les terres humides, et une couche de bon fumier de vache pour les terres légères. On couvrira le fumier de 10 à 20 c. de terre, on saisira l'extrémité supérieure de la flèche du jeune arbre pour le maintenir dans

sa position, tandis qu'on foulera légèrement la terre des deux côtés *en même
temps* pour appuyer les racines et fixer
la greffe à la hauteur prescrite; après
quoi on finira de combler la fosse et l'on
foulera la terre convenablement en terminant l'opération, afin que la greffe se
trouve dégagée.

ARTICLE 2.

Plantation des arbres en espalier.

Avant de planter les pêchers, poiriers
et pommiers espaliers en éventail, il
faudra être bien fixé sur le point où
chaque sujet sera planté. On s'assurera
que le sol qui touche le mur est de niveau, afin de pouvoir tracer un demi-
cercle sur la hauteur du mur et se rendre
compte de son travail à venir d'après
cette figure de géométrie que j'ai en-
seignée à quelques jardiniers et qui est
tellement simple que tous devraient la
connaître si l'on s'était donné la peine

de la leur expliquer avec les détails que voici :

Tout cercle, grand ou petit, se compose de trois cent soixante *parties égales* que l'on nomme *degrés*. Chaque degré se divise en soixante *parties égales* appelées minutes ; or, un cercle grand comme le *bout du doigt*, contient aussi bien trois cent soixante *parties* ou *degrés* qu'un *cerceau à tonneau*. La moitié du cercle est donc de 180 degrés.

Un mur dont la hauteur sera petite ou grande, représentera toujours la figure d'un *demi-cercle* ou 180 *degrés*, à partir de la ligne du sol jusqu'au-dessous du chaperon, l'autre *demi-cercle* ou les 180 *autres degrés* seront représentés par la profondeur de la terre.

Pour figurer un demi-cercle sur la hauteur d'un mur, on tracera une ligne artificielle de terre à 10 c. au-dessus du sol au moyen d'un niveau dont se servent les maçons. On prendra une latte de la hauteur du demi-cercle nécessaire, on pratiquera, au bas de cette latte, un un trou assez grand pour donner un *libre* passage à une petite broche que l'on enfoncera dans le mur sur la ligne artificielle de terre et précisément en face le milieu où sera plantée la tige du jeune arbre, un clou traversant l'autre extrémité de la latte servira de pointe pour tracer le demi-cercle sur le mur en promenant la latte sur la droite et sur la gauche jusqu'à la ligne artificielle de terre pour obtenir le demi-cercle, comme on le ferait avec une branche de compas. On tracera ensuite une ligne verticale du sommet du demi-cercle à la broche, en se servant d'un fil à plomb pour être assuré de sa perpendicularité. Une peinture à l'huile d'une couleur tranchante indiquera cette ligne qui se nomme un *méridien*, *milieu* du *jour* ou *milieu* du *cercle*. La ligne du demi-cercle sera également indiquée avec la même peinture. Pour bien comprendre cette figure, il faudra tracer un zéro au point qui indique le sommet du demi-cercle, afin de diviser les 180 degrés en *quarts* de cercle ou en 90 degrés. On prendra un compas ou un morceau de baguette pour diviser également chaque quart de cercle en *neuf* longueurs *égales*, chaque longueur représentera *dix degrés* qui seront marqués au moyen d'un trait en *dehors*, en *dedans* et près de la ligne circulaire.

Il suffira d'avoir une ou deux de ces figures dans un jardin fruitier, pour se familiariser avec le degré d'obliquité que je conseillerai pour les différentes formes à donner aux arbres en espalier.

Cette opération terminée, on prendra deux morceaux de treillage ou deux lattes coupés en équerre par en *bas* et cloués à 1 ou 2 c. l'un de l'autre, sur une petite traverse placée du côté du mur, à la *hauteur* de la ligne artificielle de terre et en *face* de la ligne du méridien. Les parties *supérieures* de ces deux morceaux de treillage seront *elles-mêmes* fixées sur la ligne circulaire de 20 à 25 degrés, à droite et à gauche du point *zéro;* j'expliquerai plus tard l'usage qu'on devra faire de ces deux tringles que l'on peindra à l'huile.

Au moment de mettre en place les espaliers, on supprimera leurs tiges à une hauteur convenable pour que les extrémités supérieures reposent sur le mur ou le treillage, tandis que leurs bases en seront éloignées de 10 à 15 centimètres, afin que les racines ne soient point incommodées du voisinage des fondations et qu'elles soient toutes dirigées en avant et sur les côtés.

On placera le sujet dans la fosse de manière que les yeux du bas de la tige puissent développer des bourgeons et par suite former des branches à *droite* et à *gauche* de la tige, à la hauteur qu'il sera nécessaire de les obtenir suivant la forme que l'on voudra donner à chaque espèce d'arbre. La position de la greffe a peu d'importance; si la coupe de l'onglet se trouve exposée à l'ardeur du soleil, on la couvrira avec l'onguent Saint-Fiacre (*bouse de vache*), qui est le meilleur emplâtre pour opérer le rapprochement des écorces. Cependant, toutes chances égales pour l'obtention des premières branches sur les côtés, qui est le *point le plus essentiel*, il faudra placer la coupe de l'onglet en face du mur, parce que la greffe s'y trouvera naturellement inclinée et qu'en vieillissant la tige se redressera par l'action de l'air et du soleil, et produira un plus bel effet.

Les conditions que j'ai expliquées pour la plantation des pyramides seront rigoureusement observées pour la plantation des espaliers.

La distance nécessaire de chaque pêcher en espalier est subordonnée à la qualité de la terre et à la hauteur des murs; elle peut varier de 6 à 8 mètres par la raison que l'arbre produira en largeur ce que le mur ne lui permettrait pas de gagner en hauteur.

La distance entre poiriers et pommiers, également en espalier, et greffés sur franc, pourra être de 6 à 10 mètres ; elle sera moindre pour ceux greffés sur coignassier ou *doucin*, parce qu'ils poussent moins vigoureusement.

TROISIÈME PARTIE.

DE LA TAILLE.

CHAPITRE 1.

Des diverses espèces de tailles qu'on peut donner aux Pêchers en espalier.

Si quelques opérations pouvaient être négligées en arboriculture, je dirais que la taille est la plus nécessaire, mais toutes les autres le sont également et demandent à sortir de la routine qui règne encore dans toute la France.

Je ne connais qu'une *taille*, c'est celle qui se pratique vers le mois de mars de chaque année; elle est subordonnée à la saison et doit se faire avant que la séve soit montée. Une seule circonstance *peut* faire déroger à ce principe : lorsqu'un arbre, *poirier* ou *pommier*, déjà avancé en *âge*, ne produit que des bourgeons, on fera bien de lui faire perdre une partie de cet excès de vigueur en ne le taillant qu'*après l'ascension* de la séve, afin de le forcer à produire des fruits. Je recommande *surtout* de ne point abuser de ce moyen, parce que la séve est à l'arbre ce que le sang est à l'homme ; qu'en taillant les rameaux très-longs, et quelquefois en ne lés taillant pas du tout, on atteindra le même but. J'aurai l'occasion de conseiller d'autres principes en faveur des arbres trop vigoureux, et j'espère qu'en les exécutant on parviendra à balancer chaque année les produits en bois et en fruit, tout en *maintenant* l'arbre dans un état parfait de santé.

Ces principes se joindront à d'autres *moyens* dont l'explication serait déplacée maintenant : ayant annoncé une méthode *purement élémentaire*, il faut que chaque chose soit à sa place, que l'élève le plus jeune, comme l'amateur le plus âgé, ne puisse se méprendre, et qu'en me suivant, l'un et l'autre deviennent des arboriculteurs distingués.

L'article *Plantation* ayant été terminé par les espaliers, je commencerai les principes de la taille par *le pêcher espalier en éventail*. Chaque espèce de fruit, et chaque forme d'arbre aura un article particulier.

Le pêcher est originaire de Perse : c'est un officier de Louis XIV, M. Girardot, qui en a introduit la culture à Montreuil, qui ne possédait alors que quelques maisons, qui est une ville aujourd'hui, et qui s'est acquis une réputation justement méritée en cultivant cet arbre précieux et en vendant chaque année pour un million de pêches.

Je n'entreprendrai pas de décrire toutes les variétés de pêchers qui se cultivent, par la raison que c'est à l'inspection des bourgeons des feuilles et des fleurs qu'on les distingue plus particulièrement ; que la qualité de terre et l'exposition peuvent influer sur ces différentes variétés , au point qu'on ne saurait s'en rapporter exclusivement à ces distinctions.

On peut donc dire qu'une différence bien tranchée existe entre les deux espèces : les *mignonnes*, dont les feuilles ont une dentelure peu profonde , le pétiole (la queue) ordinaire et pourvu de glandes , les fleurs larges et plus ou moins roses ; les *madeleines*, dont les feuilles sont d'un vert plus foncé , plus finement et plus profondément dentelées, les fleurs plus petites et d'un rose plus foncé que celles des mignonnes.

Les signes particuliers des autres variétés sont assez incertains ; il faudrait une étude trop approfondie pour distinguer toutes les variétés sorties de ces deux espèces principales : l'essentiel pour l'arboriculteur, c'est de connaître une succession non interrompue de bonnes pêches, qui commencera à la fin de juillet et qui finira à la fin d'octobre. Voici la liste des

variétés qui composent ma plantation ,
avec l'ordre de maturation :

PÊCHES.

Juillet.

Desse (hâtive).	Feuilles longues, à pointes très-aiguës, dentelure fine et peu profonde, pétiole court avec deux glandes de chaque côté.
Mignonne (petite).	Feuilles moins allongées, dentelure moins fine, pétiole court avec une glande de chaque côté.

Août.

Mignonne (grosse hâtive).	Feuilles d'un beau vert et longues de 22 cent., dentelure très-régulière mais peu profonde, pétiole globuleux.
Mignonne (grosse ordinaire).	Feuilles et tous les autres signes plus grands.
Pourprée (hâtive).	Feuilles courtes, pointues et rugueuses, dentelure régulière et peu profonde, pétiole très-court avec glandes globuleuses.
Beance (belle).	Feuilles d'un beau vert et d'une jolie forme, dentelure très-prononcée mais peu profonde, pétiole court avec deux glandes de chaque côté.
Madeleine de Courson.	Feuilles lisses, d'un beau vert foncé et longues de 25 cent., dentelure aussi régulière et aussi pointue que les dents d'une petite scie, pétiole allongé et sans glandes.

Septembre.

Reine des Vergers (très-nouvelle variété, chaque greffe de l'année vaut 5 fr.).	Feuilles belles et longues, nervure médiane très-rouge, dentelure fine, pétiole allongé avec trois glandes globuleuses de chaque côté.
Admirable de Vitry.	Feuilles et tous les caractères de la grosse Mignonne, mais en plus petit, pétiole court avec deux glandes de chaque côté.

4

Suite de septembre.

Sieulle.	Feuilles très-larges, mais très-pointues, pétiole avec glandes globuleuses.
Brugnon (musqué).	Feuilles très-gracieuses, d'un beau vert foncé, allongées de 22 cent., dentelure double et profonde, pétiole à glandes réniformes (forme des reins).
Desse (grosse tardive).	Feuilles petites et allongées, dentelure peu marquée, pétiole court et pourvu de trois glandes de chaque côté.
Bourdine.	Feuilles grandes, allongées, d'un beau vert et très-finement dentées, pétiole court et pourvu de trois glandes de chaque côté.

Octobre.

Burai (admirable jaune).	Feuilles très-allongées, très-pointues, et mesurant 25 cent., dentelure fine et peu profonde, pétiole court et cintré, pourvu d'une glande de chaque côté.
Pourprée (tardive).	Feuilles courtes et larges, pointues, rudes au toucher, dentelure régulière, pétiole court et deux glandes de chaque côté.

PRINCIPES GÉNÉRAUX DE TAILLE.

La coupe est le point où l'on retranche une partie de l'arbre. L'aire est la surface que laisse la partie retranchée ; elle doit être un peu oblique, nette, unie, plutôt creuse que saillante, afin que les écorces la recouvrent plus promptement : on obtient ce résultat au moyen d'une serpette (*fig.* 3) qui me sert depuis douze

Figure 3.

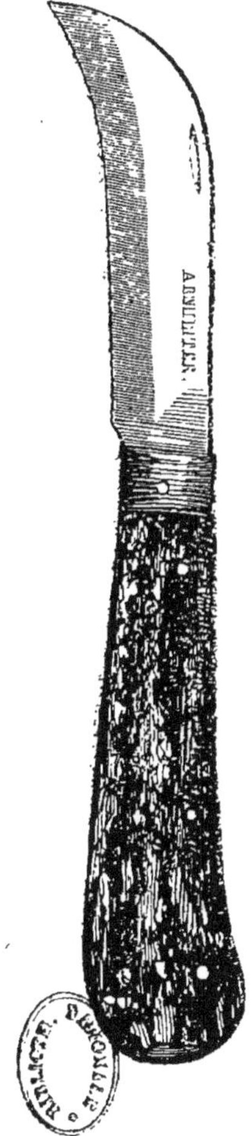

ans, que j'ai communiquée à M. Arnhei-
ter, fabricant d'instruments horticoles,
place Saint-Germain-des-Prés, lequel en
a apprécié tout le mérite, en en faisant
fabriquer un grand nombre. Une taille a
beaucoup d'importance, doit représenter
la figure d'un camée, et l'aire doit être
entièrement recouverte la deuxième année. L'onglet est la partie qui existe
entre l'aire de la coupe et l'œil.

ARTICLE 1.

Du Pêcher en éventail.

Première forme.

Première taille. — Le moment de tailler
le jeune pêcher planté en octobre, novembre, ou plus tard si les gelées ou les
pluies s'y sont opposées, étant arrivé, il
faudra examiner la position des yeux
pour s'assurer si leur bonne constitution
produira des bourgeons à la hauteur et
à la position qu'il est nécessaire de les
obtenir pour la forme du pêcher espalier

en éventail. Cette hauteur pourra être
portée jusqu'à 10 centimètres au-dessus
de la couronne de la greffe ; mais elle n'a
rien de mathématique et dépendra , en
définitive, de la volonté de l'arboriculteur,
ou de la position des yeux. Je conseillerai
cependant de ne pas porter cette première
taille au-dessus de 10 centimètres , par
la raison que les deux bourgeons supérieurs qui naîtront sur la partie de la tige
réservée sont destinés à donner naissance
à toute la charpente de l'arbre, et seront
d'autant plus vigoureux qu'ils seront
moins éloignés de la couronne de la
greffe : l'essentiel c'est qu'ils soient placés
à droite et à gauche de la tige, et autant
que possible à la même hauteur l'un que
l'autre.

Alors on se servira d'un bon sécateur (*fig.* 4) pour supprimer la tige à
2 centimètres au-dessus du plus élevé de
ces deux yeux, parce que le sécateur
meurtrit les écorces, et qu'il est nécessaire de ragréer avec la serpette pour

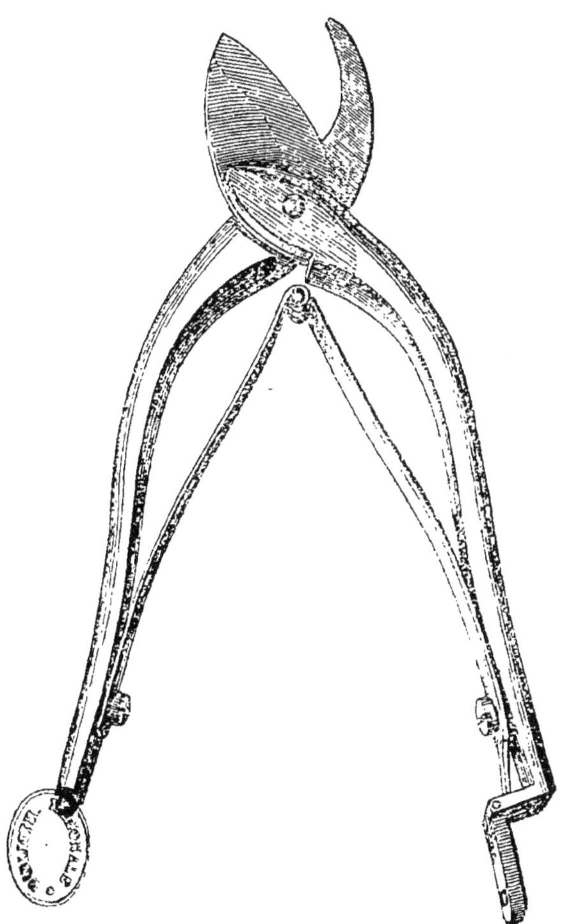

Figure 4.

descendre la coupe, par petites portions, jusqu'à 1 ou 2 millimètres au-dessus du plus élevé de ces deux yeux, la partie supérieure de la coupe garantissant l'œil, tout en réunissant les conditions qui ont été expliquées plus haut. Le sécateur que je présente pour modèle m'a toujours servi depuis 1838, et il est aussi bon que le premier jour, parce que ses branches arquées résistent à toute espèce de pression, tandis que ceux à branches droites se faussent très-facilement. Il suffit de placer le croissant du sécateur à gauche et la lame à droite, pour s'en servir facilement. C'est une très-bonne invention avec le secours de la serpette. Je conseille de ne mettre aucune cire sur l'aire de la coupe, pour éviter de faire développer un bourrelet fort désagréable; on la garantira de l'ardeur du soleil avec l'onguent Saint-Fiacre qui entretiendra la fraîcheur de la coupe tout en facilitant le rapprochement des écorces : cette précaution est très-utile pour continuer, en lignes directes, le prolongement des branches mères et sans aucune apparence d'onglet.

Il est certain que la tige ainsi rabattue produira plus d'un bourgeon de chaque côté, on accordera la préférence aux deux supérieurs qui se trouveront à droite et à gauche de la tige. Cependant, si ces deux bourgeons supérieurs se développaient mal, il faudrait ne pas les détruire, conserver les deux qui seraient immédiatement au-dessous d'eux, toujours à droite et à gauche de la tige, et supprimer, à la serpette, les autres qui se seraient encore développés au-dessous de ces derniers destinés au remplacement. Si au bout de douze ou quinze jours les deux bourgeons supérieurs s'annonçaient mieux, il faudrait revenir à la première combinaison, conserver les supérieurs pour former les deux branches mères, pincer *d'abord* les deux qu'on destinait au remplacement, et, quelques jours après, les supprimer à la serpette *très-près de la tige.*

Je conseille de revenir à la première combinaison pour éviter de retrancher, *seulement à la taille de l'année suivante,* la partie de la tige qui dépasserait les deux bourgeons de remplacement; dans cette *supposition,* il faudra ne pincer que la partie herbacée des bourgeons supérieurs toutes les fois qu'il y aura nécessité, mais sans les supprimer tout à fait de toute la saison, parce que leurs feuilles serviront à attirer la séve, et contribueront, par ce fait, à la nutrition des deux bourgeons de remplacement destinés à former les deux futures branches mères, dont on surveillera et protégera la croissance par tous les moyens possibles. Pour y parvenir, il faudra fixer, avec un osier, la partie inférieure des lattes contre la tige du jeune pêcher, en ayant soin de garantir les écorces avec une loque en drap pour ne pas troubler les conditions d'existence de ce jeune sujet.

Les deux lattes dressées à la varlope, peintes à l'huile, fixées au *milieu* de la hauteur de la tige du jeune pêcher, et ouvertes de 20 à 25° sur la ligne circulaire, à droite et à gauche de la ligne du méridien, doivent décrire deux lignes droites et obliques, sur lesquelles on dirigera les deux bourgeons qui doivent servir de base à toute la charpente du pêcher (*fig.* 5).

Au fur et à mesure de la croissance de ces deux bourgeons, on aura soin de les attacher avec un jonc, *toujours* de 6 à 10 centimètres au-dessous de leurs extrémités supérieures pour ne pas nuire à leur croissance, ni altérer leur *tégument* (nouvelle peau qui enveloppe les bourgeons).

Cette ouverture de 20 à 25° de chaque côté de la ligne du méridien est en parfait rapport avec la ligne droite et oblique, et sera la même pendant toute l'existence du pêcher, par la raison qu'en abaissant davantage les branches mères, elles ne seraient plus droites, décriraient une ligne

Figure 5.

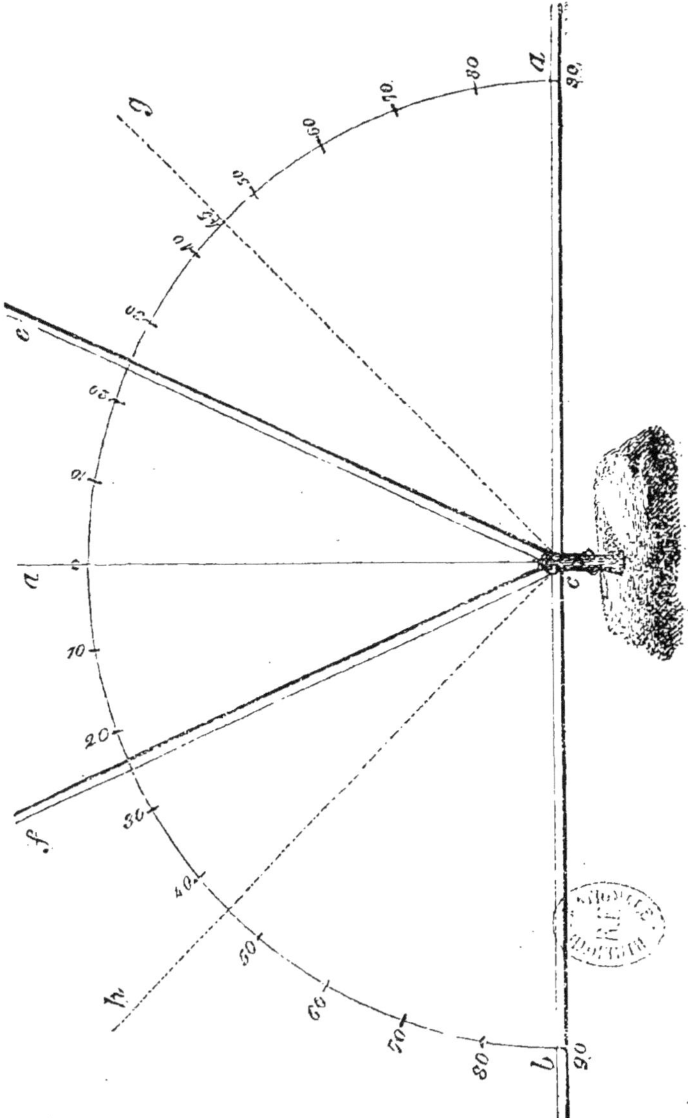

b, c, a, ligne artificielle de terre. | f, c, e, ouverture de 50°.
h, c, g, figure de l'équerre (90°). | a, c, ligne du méridien.

plus ou moins courbe qui ferait prospérer outre mesure les bourgeons placés en
dessus des branches, au préjudice de
ceux placés en dessous.

Cet inconvénient embarrasse les jardiniers, et cause souvent la perte des parties basses, et par suite la mort du
pêcher.

Je conseille d'adopter cette ouverture
de 20 à 25°, que mon expérience m'a
désignée comme très-favorable à la belle
végétation du pêcher espalier en éventail,
pour couvrir toute la surface du mur, au
moyen d'un carré allongé que cet arbre
devra figurer au bout de cinq ou six ans,
selon que les murs seront plus ou moins
élevés, que l'on suivra aussi plus ou
moins les conseils que je donne, conseils
qui seront mis en pratique chaque jour
chez moi et par moi, sur un très-grand
nombre de pêchers et autres arbres destinés aux espaliers.

Dès le commencement du mois de mai,
il faudra garantir les racines du jeune

pêcher des atteintes d'une forte chaleur, en répandant, au pied de chaque espalier, un paillis proportionné à la fraîcheur de la terre, de manière à la maintenir dans un état d'humidité au moyen des arrosages avec une pompe à main. A partir de neuf à dix heures, on garantira les jeunes bourgeons de l'ardeur du soleil, soit à l'aide d'une toile claire ou d'un panneau qui réunit tous les avantages et que je compose de la manière suivante : On se procurera, pendant l'hiver qui précédera la première végétation du pêcher, des genêts à balais; on supprimera la tige jusqu'aux premiers rameaux; puis on disposera les genêts sur trois morceaux de treillage qui seront posés sur la terre, et espacés de manière que la partie du genêt qui a été coupée dépasse un peu le premier morceau de treillage, tandis que la partie opposée dépassera inférieurement la traverse du milieu. Un autre genêt sera placé sur cette même traverse, la tige un peu au-dessus, tandis que son extrémité inférieure dépassera elle-même la troisième traverse, et ainsi de suite, jusqu'à ce que les trois traverses soient entièrement couvertes : chaque rameau de genêt sera distancé de 2 ou 3 millimètres. On prendra trois nouvelles traverses, que l'on placera à la hauteur des premières, afin d'en attacher deux ensemble avec un fil de fer et maintenir les genêts dans la position voulue. Les deux côtés seront consolidés au moyen de deux nouvelles traverses perpendiculaires et placées entre celles horizontales pour former un cadre qui sera maintenu avec un gros fil de fer partant de la traverse n° 1, entourant celle n° 2, et finissant par la traverse n° 3.

Ce panneau aura la longueur qu'on voudra lui donner et la hauteur des deux genêts : les miens ont toujours eu 1^m,33 de hauteur sur 3 mètres de longueur; ils ont l'avantage d'être très-légers, de coûter fort peu de chose, de faciliter la circulation de l'air, de diviser *l'ardeur* du soleil qui ne manquerait pas de faire succomber les jeunes pêchers, si, dès la première année de leur existence, ils n'étaient pas garantis d'une trop grande chaleur. Les traverses supérieures seront pourvues de trois crochets immobiles en fer doux, pour fixer *les panneaux*, soit au treillage, soit au sommet du mur, tandis que *leur* partie *inférieure* sera soutenue, vers son milieu, à l'aide d'un tuteur en forme de *crémaillère* pour les élever et les abaisser à volonté : deux autres petits tuteurs, enfoncés dans le sol et pourvus chacun d'une petite corde, serviront à maintenir les deux extrémités des panneaux, sur la ligne horizontale qui sera indiquée par la crémaillère.

Ces panneaux peuvent être employés pour tous les espaliers, parce qu'ils les préserveront des gelées et des intempéries du printemps, si nuisibles à la fructification.

On pourra les laisser jusqu'au mois de mai pour garantir les arbres âgés, et

jusqu'à la fin d'août pour les jeunes pêchers, en ayant la précaution de les re-
lever ou les décrocher pour les retirer
tout à fait pendant la nuit.

Ces panneaux en genêts ont des avantages incontestables sur les paillassons
qui sont plus chers, plus lourds; qui
étouffent les arbres, qui détruisent une
grande quantité de fleurs tout en exi-
geant beaucoup de temps pour couvrir
le soir et découvrir le matin après le
lever du soleil. Les panneaux peuvent
être fixés à demeure, jusqu'au moment
où les accidents ne seront plus à craindre
pour assurer une belle récolte de fruits.

Si dans le cours de la première végétation, un bourgeon poussait plus vigoureusement que l'autre; il faudrait le
priver d'une certaine quantité de lumière, en plaçant son extrémité supérieure dans un pot à fleurs renversé au
bout d'un bâton assujetti solidement
contre le treillage ou le mur; on pourra
même le laisser ainsi, plusieurs jours et

plusieurs nuits. Dans le cas où ce moyen serait insuffisant pour établir une égalité entre ces deux bourgeons, il faudrait tâcher de prolonger cet état de gêne jusqu'au mois de juillet; alors on pincera l'extrémité herbacée du bourgeon le plus fort, pour modérer sa vigueur et ne pas faire développer les yeux qui sont à la base et qui doivent rester dormant jusqu'à la taille du printemps suivant. Ce pincement retardera la croissance du bourgeon opéré, au moins de dix à douze jours, et procurera au plus faible une plus grande force végétative. Le bourgeon qui aura été pincé développera, au bout de quelques jours, des bourgeons anticipés à sa partie supérieure; on pourra les pincer également pour le retarder encore afin d'obtenir, dès le début de la formation des deux futures branches mères, une égalité aussi exacte que possible, en habituant la séve à se répartir également des deux côtés.

Enfin, si le bourgeon le plus faible venait à manquer, soit par maladie ou par accident, il faudrait redresser, *semaine par semaine*, celui qui resterait jusqu'à ce qu'il soit arrivé à la ligne verticale pour, l'année suivante, le diriger d'après la forme n° 2 que j'indiquerai après celle en éventail et qui ne fera nullement perdre une année comme cette dernière, si on voulait absolument y revenir l'année suivante à l'époque de la taille.

En supposant que les futures branches mères aient poussé régulièrement, aient été bien équilibrées dès le mois de mai, il faudra arroser leurs feuilles chaque semaine, après le coucher du soleil et sans répandre beaucoup d'eau sur le paillis, si la terre est d'une nature humide. Dans ce cas, il faudra se servir d'une petite pompe à main, qui jette l'eau en forme de pluie fine.

Si, dans le courant de mai, juin et juillet, des yeux venaient à se développer, au-dessous du point où la *deuxième taille* devra être faite, il faudrait les pincer immédiatement, au-dessus et près de la première ou deuxième feuille de leur talon, afin de ne pas laisser croître cette production inutile au préjudice des futures branches mères. Ce pincement, fait à propos, aura le double avantage de produire aussi un ou deux fruits l'année suivante. Cette circonstance existe sur trois de mes pêchers en espaliers et sur plusieurs autres, en plein carré, tous plantés au mois de novembre 1846, et si les conditions atmosphériques du printemps de 1848 sont favorables, je pourrai faire voir, *dans le courant de l'été*, des pêches *nées*, à l'aide du pincement, sur *des jeunes arbres qui seront à leur deuxième année de végétation.*

A la séve d'août, il faudra s'assurer de la constitution des yeux, sur lesquels on devra tailler le printemps suivant; il est nécessaire qu'ils soient bien préparés, bien *aoûtés*, dans le cas contraire, il faudra pincer l'extrémité des bourgeons pour arrêter la séve, quelques jours, dans son mouvement d'ascension, et la forcer à nourrir davantage ces mêmes yeux sur lesquels repose tout l'espoir de la forme du pêcher en éventail.

L'arboriculture est un art plein de charmes, digne d'occuper de la manière la plus intéressante les loisirs des personnes qui habitent à la campagne et qui seront bien heureuses d'avoir su se donner une jouissance qu'elles ignoraient. Cet art ne demande aucune étude sérieuse, mais seulement de l'intelligence et de la constance, afin que l'arbre à fruit, cet être créé pour nos besoins, soumis à notre volonté, incapable de se mouvoir, de se plaindre des tortures inouïes que la routine lui fait supporter, puisse trouver des protecteurs qui lui permettront de végéter selon les lois de la physiologie. Je n'en excepte pas même les dames, parce qu'elles sont douées de plus d'intelligence et de constance que nous;

que leur présence dans un jardin ne nuit jamais aux intérêts de l'arboriculteur, et que le plaisir de les voir savourer une pêche m'a toujours rendu très-heureux.

Deuxième taille. — Je nommerai *œil du dedans* celui qui est situé à l'intérieur du rameau ;

Œil du dehors, celui qui est placé à l'extérieur ;

Œil du devant, celui qui nous fait face ;

Œil en arrière, celui du côté du mur.

Le mois de mars étant arrivé, il faudra détacher les deux *rameaux* qui vont devenir les deux branches mères du pêcher par l'effet de cette deuxième taille et de la végétation ; s'assurer si aucun insecte ne s'est abrité derrière ces rameaux pendant l'hiver ; supprimer, si l'on a été forcé de la laisser pour cause de remplacement, la partie de la tige qui dépasserait les deux rameaux, en ayant le plus *grand soin* de ne pas les blesser ; car cette opération demande beaucoup d'intelligence. (*Voyez* l'explication que j'ai donnée à la page 78.)

On examinera la position et la nature *des yeux* qui devront produire *les deux premières sous-mères à la hauteur de* 15 *à* 20 *c. à partir de l'insertion des deux rameaux sur la tige.* On en remarquera un du dehors sur l'un de ces rameaux, puis on s'assurera si, à la même hauteur, l'autre rameau pourra fournir *aussi en dehors* un second œil correspondant au premier. Si l'un de ces deux yeux, destinés aux deux premières sous-mères, se trouvait un peu plus haut, plus bas, plus en avant ou plus en arrière que son correspondant, il ne faudrait pas considérer cette différence comme un obstacle; on y remédierait à l'aide du palissage.

Une fois fixé sur les yeux qui doivent produire les deux premières sous-mères, l'œil immédiatement *au-dessus d'eux* et sur chaque rameau servira au prolongement des branches mères; il importe peu que ces derniers yeux soient en dedans, en avant ou en arrière; quand ils seront développés, on prendra une petite loque en drap pourvue d'une ficelle aux deux extrémités opposées, et on s'en servira en forme d'embrasse pour diriger le talon des bourgeons qui doivent prolonger les branches mères dans le milieu de chaque tringle, ouverte de 20 à 25° sur la ligne circulaire.

Dans toutes les circonstances où il s'agira de la formation ou du prolongement des branches principales, il faudra faire usage d'embrasses en laine parce que cette matière est élastique et n'offensera jamais le tégument des bourgeons. On attachera les deux ficelles aux tringles sans chercher à diriger ces bourgeons en *lignes directes* les premiers jours, mais· progressivement, afin que l'année suivante les branches mères soient aussi droites que si elles n'eussent point été taillées.

Je recommanderai aussi d'employer le sécateur et la serpette pour exécuter cette

taille *aux deux lignes obliques de la figure 7ᵉ*, en se conformant aux principes
expliqués pour la première taille ; de
placer une partie de vieux bouchon entre
les tringles et l'extrémité supérieure des
rameaux qui viennent d'être taillés, afin
que la pression de l'osier sur la tringle
et le treillage n'altère pas l'écorce, et
qu'il y ait un peu de jour au-dessous du
bouchon pour le passage de l'air et l'é-
coulement des eaux.

Quand l'opération sera terminée, il
faudra placer deux nouvelles tringles,
une de chaque côté et *en dehors* des rameaux pour conduire les premières sous-
mères. Un bout de ces tringles sera fixé
au-dessous du liége, précisément à la
hauteur des yeux, qui doivent développer les bourgeons destinés aux sous-
mères, et qui seront conduits par ces
nouvelles tringles; le bout opposé sera
lui-même fixé à 10 ou 15 c. au-dessus
de la ligne horizontale des sous-mères et
sur la ligne circulaire.

5*

Les embrasses sont des plus nécessaires pour que la naissance de chacune des sous-mères forme presque un angle droit avec les branches mères.

On appelle angle droit celui que forme l'équerre représenté sur la figure cinquième, et qui contient 90° ou 45° sur la droite et sur la gauche de la ligne du méridien.

Je recommande particulièrement aux jeunes jardiniers de ne pas oublier cette explication, car je n'y reviendrai plus afin d'éviter les répétitions, et j'emploierai très-souvent des angles plus ou moins ouverts pour le palissage des branches fruitières et des bourgeons.

Le mois de mai arrivé, il faudra palisser et protéger l'élongation des bourgeons qui devront prolonger les branches mères et ceux qui donneront naissance aux deux premières sous-mères, mais en ayant la plus grande attention de ne pas les rompre ni les éclater en attachant les embrasses qui ne doivent leur donner la direction indiquée que *semaine par semaine*.

Cette protection des quatre bourgeons principaux s'obtiendra très-facilement en palissant à angles *plus ouverts* les autres bourgeons *du dedans* pour les empêcher de pousser trop vigoureusement, et à angles *plus fermés* les bourgeons *du dehors;* les angles plus fermés disposent les bourgeons en lignes plus directes et favorisent leur végétation. Ce palissage ne se fera qu'au fur et à mesure qu'un bourgeon l'exigera, soit par sa croissance, soit par sa mauvaise direction. Il est nécessaire que cette direction soit toujours à lignes droites, afin que la séve puisse circuler librement et nourrir également tous les yeux de l'étendue des bourgeons. Les bourgeons les plus vigoureux seront palissés les uns après les autres et à plusieurs jours d'intervalle afin que cette opération les gêne un peu dans leur croissance, et que les plus petits, étant mieux nourris, deviennent plus grands pour subir à leur tour cette même contrainte; puis, quelques jours après, on reviendra au plus grand, au plus gourmand, on le pincera en supprimant *seulement* son extrémité herbacée. Dans le cours de la végétation on procédera de même pour opérer, les uns après les autres, les bourgeons qui l'exigeraient, toujours dans le but de favoriser le développement des quatre bourgeons principaux, et dans le but aussi de se donner deux ou trois pêches l'année suivante sur les bourgeons pincés. On pincera encore, vers la fin de juillet, la partie herbacée *des bourgeons anticipés* qu'ils auront développés à leurs extrémités supérieures, pour que la séve élaborée puisse assurer la production de ces deux ou trois premiers fruits, *le plus près possible* de la naissance de ces bourgeons sur les branches mères.

Si le printemps a été inconstant, que des refroidissements de l'atmosphère aient occasionné *la cloque* à quelques feuilles du jeune pêcher, il faudra couper avec des ciseaux et jeter au feu la partie affectée qui ne manquerait pas de communiquer sa maladie aux autres feuilles.

Cette maladie n'est autre chose qu'un engorgement des stomates (*poumons de la feuille*), une moisissure occasionnée par le saisissement de la séve pendant un temps contraire aux fonctions vitales des feuilles. Si petite que soit la partie saine d'une feuille, dont on aurait retranché le surplus pour cause de maladie, il faudra la conserver, parce qu'elle suffira à l'existence du pétiole, et par conséquent de l'œil qui existe à son aisselle. Cette maladie n'atteindra pas les feuilles du jeune pêcher, si après la taille on a eu la précaution d'abaisser au-dessus de lui le panneau en genêts dont j'ai parlé, et en ajoutant sur les côtés, dans le cas de fortes gelées, le moindre abri.

Il faudra ne pas oublier de le garantir aussi des atteintes d'une forte chaleur, de l'arroser à propos; enfin, si l'arbori-culteur possède l'amour de son art, il soignera, sans dépenser beaucoup de temps et par habitude, cet être vivant, à l'égal de ses propres enfants.

Pour faciliter le palissage et la bonne direction que chaque branche à fruit doit avoir, il faudra disposer sur le mur ou le treillage une baguette en coudrier à 10 ou 15 c. au-dessus et au-dessous, et dans la direction de chaque branche sous-mère. C'est une très-bonne précaution qui avance beaucoup le palissage. On supprimera tous les bourgeons placés en avant et en arrière des branches mères et des sous-mères.

Troisième taille. — Le moment de tailler étant arrivé, il faudra se munir de deux nouvelles tringles, détacher le pêcher avant la taille pour que l'opération soit plus facile, et pouvoir faire bonne guerre aux insectes; se reculer de quelques pas, inspecter son arbre, et d'un coup d'œil rapide distinguer les parties

les plus fortes d'avec les plus faibles.
Cette inspection se fera tous les ans, en
approuvant ou condamnant le travail de
l'année précédente. On est passé maître
quand on peut se dire : j'ai eu tort.

Les rameaux du dedans vont devenir
branches à fruit par l'effet de la végétation qui leur fera produire des bourgeons; et puisque ces rameaux sont placés dans une position plus favorable que
ceux du dehors, on pourra les tailler de
trois à cinq yeux au-dessus de leur talon, afin de se procurer la jouissance
d'une pêche, mais sans nuire à la santé
du jeune arbre ni au développement,
au moins, d'un bourgeon du bas, que
chaque branche à fruit devra produire
chaque année, et qu'on nommera *bourgeon de remplacement*, par la raison que
la partie de cette branche qui portera
le fruit, n'en donnera qu'une fois; que
ce sont les bourgeons qu'elle produira
cette année qui donneront du fruit à leur
tour l'année prochaine, et ainsi de suite

d'année en année. On favorisera donc le développement de ces bourgeons de remplacement en pinçant, si cela est nécessaire, et lorsque la fleur sera passée, le bourgeon supérieur de cette branche à fruit, dont la croissance serait inutile, parce qu'il sera supprimé l'année prochaine avec la partie de la branche qui aura fructifié.

L'art du remplacement est d'une très-grande nécessité pour que les branches fruitières ne soient point dénudées à leur base, et, par suite, ne meurent pas épuisées en laissant un vide très-regrettable ; car un arbre n'est parfait que lorsque *tous ses membres sont entièrement garnis de branches à fruit sur les deux côtés.* Ces branches fruitières seront toujours taillées à la serpette.

Si le pincement a été bien fait, les rameaux du dedans seront pourvus de boutons simples, doubles, triples, et plus tard, quadruples, quintuples, au milieu desquels il existera toujours un œil. Si

Figure 6.

Planté en 1837. — Peint à l'huile en 1846.

le rameau supérieur d'une branche à fruit ne doit pas être trop allongé, il vaut mieux tailler sur l'œil, immédiatement au-dessus de celui qui accompagnera le bouton le plus élevé, afin de mieux assurer la fructification, sauf ensuite à pincer le bourgeon qui en naîtra pour éviter la confusion, et pour que l'intérieur du pêcher se garnisse *progressivement chaque année*, sans changer la direction des branches mères et sans le secours *d'aucun membre supérieur.*

Après avoir élevé des pêchers ouverts à 90 degrés, avec des membres supérieurs, tels que l'indique la *fig.* 6, j'ai préféré adopter l'ouverture de 20 à 25 degrés à droite et à gauche du zéro, pour éviter les membres supérieurs qui poussent outre mesure au désavantage des parties basses, et remplir progressivement l'intérieur de l'arbre au moyen de petites branches de ramifications.

Les rameaux du dehors, étant placés dans une position moins avantageuse que ceux du dedans, seront taillés un peu plus courts, et porteront *peu* de fruits les premières années, afin d'assurer *plus* facilement leur remplacement, qui est un point capital.

Les premières sous-mères seront taillées d'après leur force et la vigueur de l'arbre; *en thèse générale*, il faut tailler selon les lois de la physiologie végétale, c'est-à-dire au *tiers* de la longueur d'un rameau, avec cette considération que la taille demande à être plus courte sur les productions faibles, ou qui sont placées dans une position moins avantageuse, et comme les premières sous-mères sont dans ce dernier cas, il faudra les tailler un peu court, sur un œil de *dessus*, ou du *devant*, afin qu'elles poussent davantage et que les yeux latéraux puissent développer des bourgeons propres à faire de bonnes branches à fruit les années suivantes.

Il faudra couper avec le sécateur, et assez en avant de l'œil, la partie de la

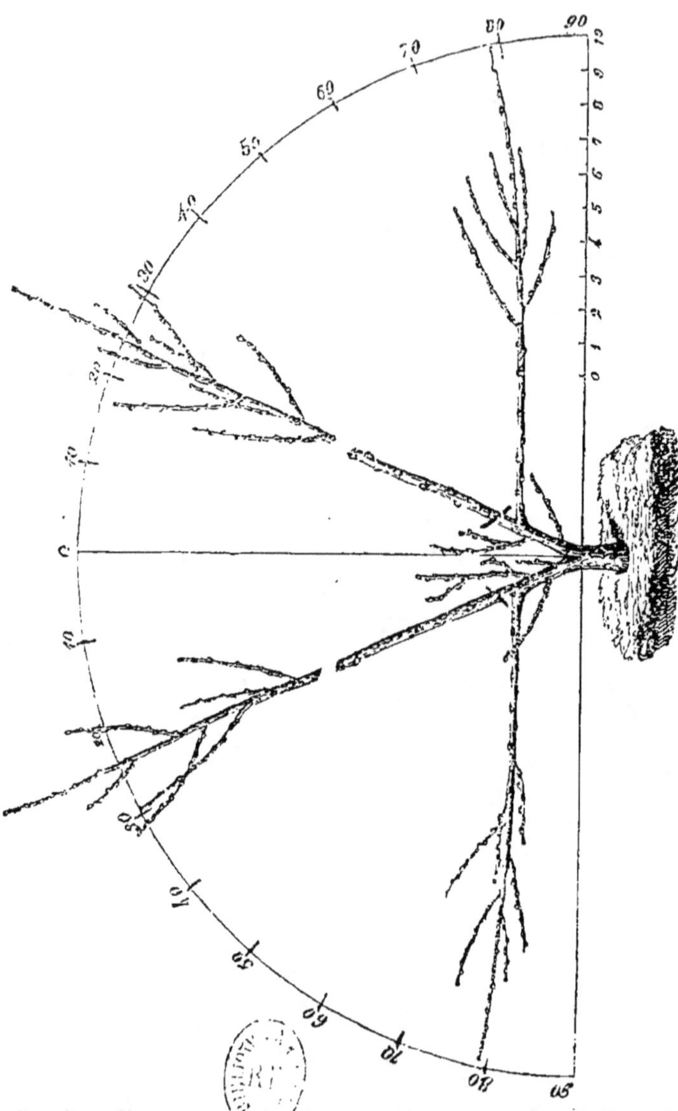

Figure 7.

Les deux lignes au-dessus des premières sous-mères indiquent où la deuxième taille a été pratiquée. Les deux séparations des branches mères indiquent la troisième taille.

branche à supprimer pour ragréer avec la serpette et amener la taille au point indiqué pour la suppression de la tige, c'est-à-dire à 2 millimètres en avant de l'œil de prolongement. Avant de tailler les branches mères il faudra choisir un œil du dehors, sur chacune d'elles, pour former les deuxièmes sous-mères (*fig.* 7), ces yeux seront autant que possible à la même hauteur l'un que l'autre, et de 50 60 centimètres au-dessus des premières sous-mères; une fois fixé sur ce choix *très-essentiel*, l'œil de chaque branche mère qui se trouvera immédiatement au-dessus, servira à leur prolongement. On coupera la branche à 2 c. au-dessus de cet œil avec le sécateur, pour la rapprocher ensuite à la serpette, selon les principes déjà indiqués. Cet œil de prolongement se prendra dans la position où la nature l'aura crée; si cependant il se trouvait également en dehors, ce qui arrive bien rarement, il faudrait tâcher de descendre ou de monter un peu la taille pour éviter cet inconvénient, afin que l'angle que doivent former les bourgeons des deuxièmes sous-mères et le prolongement des branches mères soit convenablement ouvert; dans tous les cas, l'embrasse fera le reste en donnant, aux uns et aux autres, la direction qu'ils doivent suivre.

En attachant le pêcher, il faudra toujours placer un morceau de vieux bouchon sous chaque extrémité des membres, puis on placera les deuxièmes tringles qui conduiront les deuxièmes sous-mères en les relevant un peu moins que celles des premières sous-mères sur la ligne circulaire. Chaque année et à chacune des autres sous-mères, les tringles seront moins relevées, de manière que la dernière atteigne tout à fait la ligne horizontale. Il faudra consulter la hauteur du mur pour savoir combien on pourra obtenir de sous-mères, en comptant toujours de 50 à 60 c. *au plus* entre chacune d'elles. Cette distance est très-suffisante pour palisser obliquement les bourgeons supérieurs et inférieurs dans chaque intervalle, et réserver de 30 à 40 c. *au-dessus* de la dernière sous-mère pour palisser les bourgeons supérieurs qui poussent plus vigoureusement.

D'après cet exposé on pourra se donner très-facilement, en suivant mes conseils, des pêchers en éventail composés de deux branches mères et de cinq sous-mères de chaque côté, avec des murs de 2 m. 60 c. de hauteur et six ans de plantation, ce qui est très-avantageux, tout en formant un tableau des plus agréables à l'œil.

Avant d'abriter le pêcher il faudra détourner le paillis, donner un petit labour avec un crochet à deux dents, en se plaçant en face du pêcher et en ouvrant la terre légèrement dans le sens des racines sans les atteindre; quand la surface de la terre qui avoisine le pêcher sera façonnée, on replacera le paillis et le panneau.

Dans le courant d'avril, il faudra visiter les pêchers très-souvent pour s'assurer si aucun insecte ne les tourmente. A cette

époque on trouvera sur des bourgeons
une chenille verte qu'un œil peu exercé
pourrait regarder sans la distinguer, tant
elle adhère au bourgeon dont elle prend
la forme; cherchez-la bien! car elle est
vorace pendant la nuit : elle mange les
feuilles et les fleurs tout entières. La limace
et le limaçon ne sont pas moins les enne-
mis du pêcher; ils attaquent les pêches,
les rongent en les couvrant d'une bave
luisante, et comme il est plus facile de les
détruire avant le développement complet
des bourgeons qu'après, cherchez-les
derrière le treillage, dans les trous du
mur, et plus sûrement au pied des pêchers, où ils vont trouver un refuge sous
le paillis.

On abaissera un peu le panneau pendant la chaleur, on arrosera les feuilles
et au pied du pêcher, toutes les fois qu'il
y aura nécessité. On palissera les bourgeons les uns après les autres, selon leur
croissance, pour les espacer convenablement, tout en leur conservant une posi-

tion aussi directe que possible, suivant la place qu'ils doivent occuper, afin d'activer ou de modérer la circulation de la séve.

Il est nécessaire de ne palisser les bourgeons des premières sous-mères que les derniers, pour attirer la séve dans les parties basses de l'arbre; par la même raison, il faudra pincer ceux du *haut* et du *dedans* les premiers, et particulièrement ceux qui avoisinent les bourgeons terminaux *qui doivent prolonger les branches mères et les sous-mères*. Si ces bourgeons terminaux étaient doubles, triples, il faudrait toujours accorder la préférence au plus fort, et à celui du milieu, s'il est bien constitué, en coupant franchement les autres à une ou deux feuilles au-dessus du talon, afin de pouvoir les utiliser pour la fructification et favoriser le développement de celui de prolongement.

Je recommande instamment de ne pas tourmenter les jeunes pêchers par des pincements trop sévères; d'abord par

intérêt pour l'arbre, et ensuite par intérêt pour la taille suivante ; par la raison
que le pêcher étant mieux enraciné,
poussera plus vigoureusement, et qu'un
pincement immodéré ferait infaillible-
ment développer, *en bourgeons anticipés*,
les yeux sur lesquels il faudrait tailler
l'année suivante ; ensuite par intérêt pour
l'avenir de l'arbre, parce que la séve,
ne trouvant pas assez d'issues, causerait
du désordre dans sa santé, occasionnerait la gomme, fort souvent la perte
d'un membre et même la mort du pêcher.

Quatrième taille. — Deux nouvelles
tringles sont nécessaires pour conduire
les troisièmes sous - mères. On détachera et dépalissera *entièrement* le pêcher, la recherche des insectes sera
faite plus rigoureusement ; on examinera les progrès de l'arbre, sa constitution, pour ne lui laisser que les
fruits qui ne nuiront ni à sa santé, ni à
sa végétation. C'est un jeune enfant qu'il
ne faut point surcharger.

On taillera les premières branches à fruit *du dedans* sur deux rameaux, l'un un peu long pour avoir une ou deux pêches, l'autre assez court pour qu'il fournisse à sa base des bourgeons de remplacement pour l'année suivante. Si la branche à fruit est pourvue d'un troisième rameau, très-rapproché des deux premiers, et porteur de boutons à sa base, on pourra le tailler à trois ou quatre yeux pour se procurer quelques pêches; dans le cas contraire, il faudra le supprimer et descendre la taille sur les deux premiers. On procédera de même pour les autres branches à fruit *du dedans*, en diminuant le nombre et la longueur des rameaux, au fur et à mesure de leur élévation, sur les branches mères, de manière que l'intérieur du pêcher se garnisse d'*année en année avec le secours des bourgeons*, sans à-coups pour la séve et sans préjudice pour la charpente de l'arbre. Les branches fruitières des premières sous-mères seront

taillées sur un seul rameau et assez
court pour lui faire développer à son talon deux bourgeons de remplacemeut.
Ceux du dessous seront taillés plus court
que ceux du dessus, et il en sera de
même pour les rameaux qui sont en dehors et dans les parties basses des branches mères, parce que la séve tend toujours à s'élever, et que plus on taillera
ces rameaux court, plus on sera assuré
de leur remplacement qu'il faut obtenir
absolument, même au sacrifice d'une
pêche. Les premières sous-mères seront
taillées sur un œil du *dessus* ou du *devant*, et au tiers de la longueur de la
dernière végétation.

Les deuxièmes sous-mères seront taillées d'après les mêmes principes; puis à
50 ou 60 centimètres au-dessus d'elles,
et *en dehors de chaque branche mère*,
on choisira un œil propre à faire développer les troisièmes sous - mères;
l'œil immédiatement au - dessus fournira
le prolongement des branches mères

en se conformant à ce que j'ai dit.

On placera les tringles des troisièmes sous-mères en les rapprochant un peu plus que ne le sont les deuxièmes de la ligne horizontale; on palissera les rameaux selon leur position et selon la forme de l'intérieur.

En donnant un nouveau labour, on enlèvera la première couche de terre pour la remplacer par une autre mélangée avec du fumier bien mûr de vache ou de cheval, selon la nature du terrain. On replacera le paillis, et on donnera un second labour à la fin de juillet; ces deux labours seront de rigueur tous les ans, et la fumure tous les deux ou trois ans. Le fumier ne reposera jamais immédiatement sur les racines, et il ne faudra cultiver aucune plante légumineuse à proximité des pêchers, afin de ne pas y attirer d'insectes, ni épuiser la terre. Le panneau sera mis en place; on visitera souvent les pêchers, on baissera et élèvera ce panneau selon les circonstances, on palissera les bourgeons en supprimant la presque totalité de ceux qui seront inutiles, mais progressivement, pour ne causer aucune perturbation dans le régime de la végétation et attendre la taille de l'année prochaine pour les faire disparaître tout à fait. Ce moyen s'appliquera également au bourgeon qui devait nourrir des fruits qui tomberaient avant leur maturité.

Si les pucerons viennent à envahir les pêchers, il faudra les en chasser en arrosant souvent les feuilles avec la pompe à main, parce qu'ils attireraient des fourmis qui viendraient ramasser leurs déjections en corrodant (rongeant) le tégument des bourgeons et principalement le parenchyme des feuilles qui deviennent contournées, au point de ne plus pouvoir remplir leurs fonctions. Si, après la destruction des pucerons, les fourmis reviennent encore, ou qu'elles établissent leur fourmilière au pied des pêchers, voici le moyen qui m'a toujours réussi : on placera un morceau de pied de bœuf, sous une tuile, de chaque côté du pêcher; au bout de quelques heures cet appât sera tout noir de fourmis; on le plongera dans un seau d'eau et l'on recommencera jusqu'à la destruction complète. Toutes les branches fruitières endommagées par ces insectes, seront rabattues jusque sur la partie saine du bourgeon qui sera le plus près des branches mères; il faudra arroser l'arbre plus souvent pour empêcher le retour d'aussi mauvais voisins, lui donner une fumure si cela n'a pas eu lieu au printemps, afin de faciliter le développement des bourgeons qui auront été taillés. J'ai pratiqué cette opération, le 4 juin 1844, sur un pêcher endommagé pendant mon absence et qui ne possédait que sept branches fruitières non infestées. Le 8 septembre suivant, une commission de la Société d'horticulture de Paris est venue visiter mes arbres, ce pêcher était dans un état parfait de santé; les nouveaux bourgeons avaient été pincés et portaient l'apparence d'une récolte prochaine.

Voici un autre moyen de destruction, mais qui demande les plus grandes précautions pour ne pas griller les feuilles et les bourgeons ; on couvre le pêcher d'un drap sous lequel on place un réchaud rempli de charbons allumés sur lesquels on répand du tabac humide ; il en résulte une fumée épaisse et narcotique qui asphyxie les pucerons. On ne sera pas obligé de recourir à ce moyen dangereux pour le pêcher si l'on a employé les panneaux en genêts qui réunissent tous les avantages, et dont l'odeur suffit, très-souvent, pour éloigner ces insectes.

Cinquième taille. — On disposera les tringles pour les quatrièmes sous-mères ; on détachera et dépalissera le pêcher, on taillera les branches fruitières du *dedans* un peu plus longues que l'année dernière, sur un rameau qui sera palissé dans une portion assez oblique, pour éviter la ligne perpendiculaire et empêcher ces branches de prendre trop d'accroissement. Les rameaux *inférieurs* de ces mêmes branches seront taillés assez court pour fournir au remplacement. Les autres branches fruitières *supérieures* seront taillées d'après les mêmes principes, de manière à garnir l'intérieur du pêcher successivement et toujours avec des branches d'une faible constitution, branches de *ramification* (divisées en plusieurs rameaux); plus on pincera leurs bourgeons supérieurs, plus ceux du bas se nourriront pour assurer le remplacement qu'il ne faudra *jamais* perdre de vue. Les rameaux du dehors commenceront aussi à former des branches fruitières bifurquées (*en forme de fourches à deux branches*), mais seulement dans le haut des branches mères pour utiliser la séve à nourrir quelques fruits; le rameau du bas de ces branches bifurquées sera taillé toujours très-court, afin qu'il fournisse son remplaçant et *au-dessous de lui si c'est possible.* Les parties basses de ces branches mères seront taillées avec plus de circonspection ; les rameaux des premières sous-mères seront traités de même, et particulièrement ceux du dessous. Les rameaux supérieurs des deuxièmes sous-mères seront également bifurqués, ceux du dessous seront simples ; ces deux sous-mères se prolongeront selon les principes déjà expliqués.

La troisième sous-mère sera prolongée au moyen d'un œil placé *en dessous,* afin qu'elle tire moins et qu'elle se rapproche plus facilement de la ligne horizontale ; ses rameaux seront taillés selon leur vigueur, mais rapporteront du fruit.

A 50 ou 60 centimètres de ces troisièmes sous-mères, en dehors et sur chaque branche mère, on désignera les yeux qui devront former les quatrièmes sous-mères ; l'œil immédiatement au-dessus

continuera le prolongement des branches
mères. Si une branche sous-mère poussait moins bien que les autres, il faudrait
d'abord ne palisser que fort tard ses
bourgeons sans les pincer de toute la saison et suivre son développement. Si ce
moyen a été insuffissant, *on attendra
l'année suivante pour y remédier* : après
avoir taillé le pêcher, on appuiera le
tranchant de sa serpette à un centimètre
au-dessus de la naissance de cette sous-
mère pour inciser (*couper*) horizontalement *les écorces et l'aubier* de la branche
mère. Pourquoi? Beaucoup d'arboriculteurs pratiquent cette incision sans en
connaître le principe qui est bien simple
et que vous connaissez déjà : la séve
monte par les couches ligneuses et plus
particulièrement par l'aubier, qui est la
couche la plus extérieure du bois. Or,
si vous arrêtez une *partie* du cours de la
séve qui monte par cet aubier et qu'elle
vienne augmenter la somme de séve qui
rayonne du canal médullaire à l'écorce,

il est clair que cette branche aura plus que sa distribution ordinaire et qu'elle profitera en conséquence. La même opération sera faite à pareille époque, mais *en dessous*, si cette branche sous-mère est trop vigoureuse. Dans l'un comme dans l'autre cas n'en *abusez jamais;* il vaut mieux palisser et pincer les parties herbacées des membres supérieurs, et laisser en liberté les bourgeons de la branche faible. Les autres opérations comme l'année précédente.

Depuis 1837, j'ai pratiqué ces incisions nombre de fois à Presles, en présence d'un physiologiste très-profond, M. le docteur Duquesnel; elles réussissent sans danger sur un poirier, mais je ne puis en dire autant pour le pêcher à cause de la pétulance de sa séve qui peut occasionner la gomme.

Sixième taille. — Les tringles des cinquième sous-mères étant disposées, on détachera et dépalissera le pêcher. On jugera si ses progrès sont en rapport avec son âge. On taillera les branches fruitières *du dedans* pour que l'intérieur de l'arbre soit presque garni à la fin de la végétation : en songeant toujours au remplacement, en palissant les branches fruitières , les rameaux et les bourgeons, selon leur vigueur et dans des positions assez horizontales , de manière à s'en rendre maître *en tout temps;* à l'aide du pincement et sans la suppression totale d'un bourgeon.

Les branches fruitières *du dehors* seront bifurquées et trifurquées dans les parties supérieures. On ne laissera que quelques bifurcations en dessus des premières sous-mères, mais aucune *en dessous* : si elles ont moins poussé, on laissera moins de fruits ; le prolongement s'obtiendra par les mêmes moyens que les années précédentes.

Les deuxièmes sous-mères seront taillées selon leur vigueur.

Les troisièmes seront traitées de même ; on pourra placer l'œil de prolongement plus en rapport avec la ligne horizontale.

6.

Les quatrièmes sous-mères seront taillées d'après leur âge, mais l'œil de prolongement sera pris en dessous *quand
même* à 50 ou 60 c. Au-dessus des quatrièmes sous-mères et en dehors de chaque branche mère, on choisira l'œil qui
donnera naissance aux cinquièmes et
dernières sous-mères *et on rapprochera
la taille avec la serpette, à un ou deux millimètres de cet œil qui terminera les branches mères dans la ligne oblique, pour les
remplacer par les cinquièmes sous-mères,
dans la ligne horizontale.* C'est en 1842 que
l'idée m'est venue de rabattre le prolongement des branches mères de mes pêchers, sur un œil du dehors, pour en
former une *nouvelle sous-mère*, et cette
opération a produit les plus heureux
effets : « La séve ne s'est plus dépensée
» inutilement en dépassant le sommet
» des murs, elle s'est maintenue con-
» stamment vers le centre et les parties
» basses de l'arbre ; les élongations de
» prolongement des sous-mères inférieures

» ont été plus que doublées la première
» année de cette opération, et ces nou-
» velles sous-mères ont produit des fruits
» bien plus beaux que ceux des autres
» parties de l'arbre. » Je signale cette
amélioration à tous les cultivateurs de
pêchers.

On placera donc les dernières tringles
sur cette ligne horizontale, en réservant,
entre elles et le chaperon, une hauteur
de 30 à 40 c. pour palisser les bourgeons supérieurs de ces dernières sous-
mères. On attachera le pêcher, on palissera les branches fruitières et les rameaux
tout en réservant la place nécessaire pour
palisser aussi les bourgeons ; sans qu'ils
se croisent jamais, qu'ils soient suffisamment écartés les uns des autres, pour
éviter la confusion et ménager la santé
du pêcher, qui devra être bien beau
l'automne suivant, après ses six années
d'existence dans votre jardin.

Les branches fruitières *du dedans* seront surveillées, palissées et pincées avec

la plus grande vigilance ; on abaissera un peu les extrémités des premières sous-mères, celles des deuxièmes, troisième et quatrième seront placées tout à fait sur la ligne horizontale. Les bourgeons des premières sous-mères seront toujours palissés les derniers et ne seront pincés qu'autant qu'ils menaceraient de vouloir s'emporter.

Si les cinquièmes sous-mères poussaient trop vigoureusement, il faudrait, à l'époque de la taille, les reformer sur un rameau toujours placé *en dessous*, pour suivre plus régulièrement la ligne horizontale et modérer la vigueur de ces sous-mères supérieures.

Un pêcher ainsi formé (*fig.* 8), ne demandera qu'un quart d'heure de travail par jour, depuis la fin d'avril jusqu'à la fin d'août ; époque à laquelle il n'y aura qu'à jouir de son fruit. Que dis-je ! n'est-ce donc pas une jouissance de le voir végéter et de lui accorder quelques instants tous les jours ? Je suppose qu'on

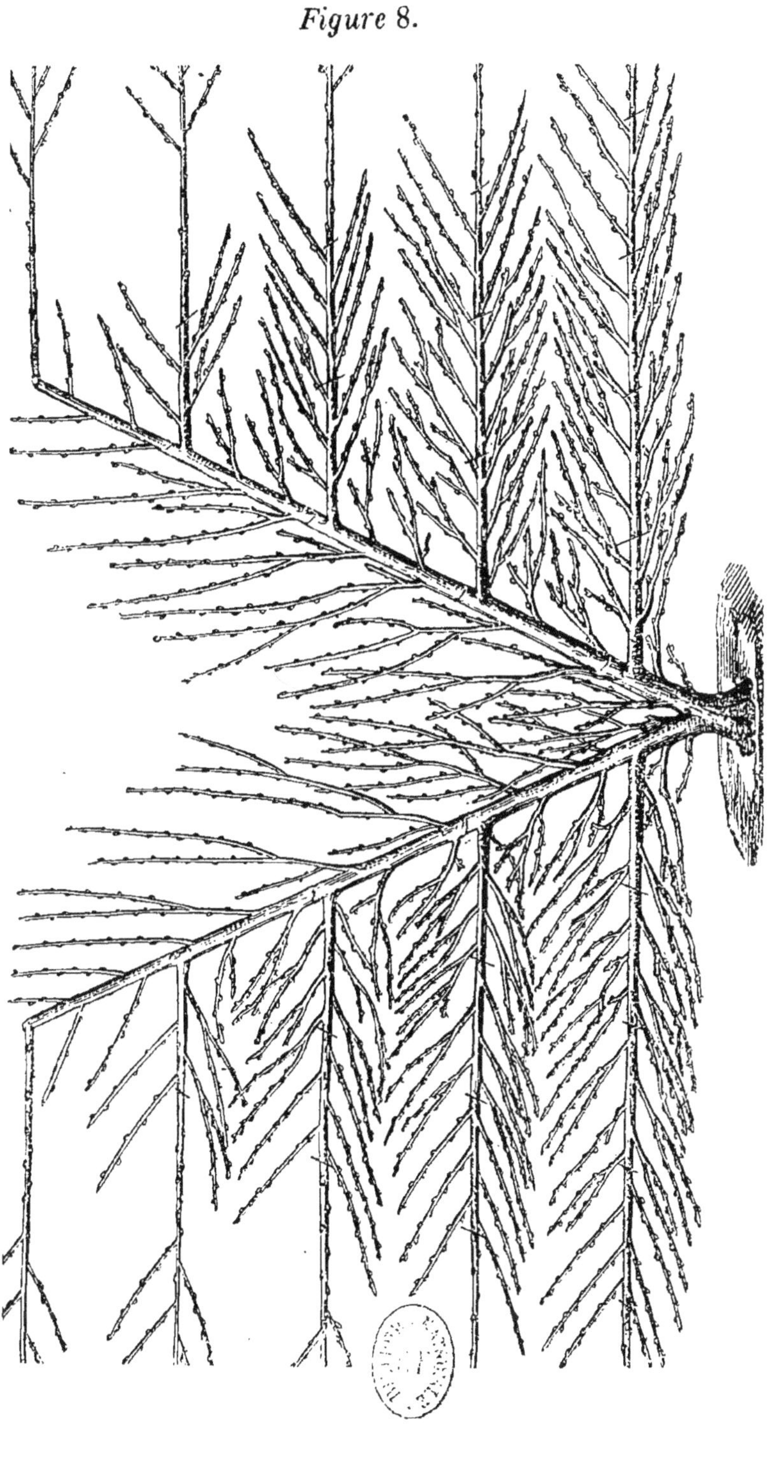

Figure 8.

ait *sept*, *quatorze* ou *vingt et un pêchers*, ainsi que je les ai eus à Presles ; on commencera la *semaine*, après que le soleil aura cessé de paraître sur les pêchers , en en soignant *un*, *deux* ou *trois*, puis on arrosera s'il y a lieu. Le lendemain matin, en se rendant à son travail , un œil exercé découvrira une chenille , une limace ou un limaçon : on l'écrasera. Le soir on recommencera le travail de la veille par *le suivant* ou *les suivants* et ainsi de suite en arrivant jusqu'au dernier à la fin de la semaine pour recommencer, celle d'ensuite, par les premiers opérés et la terminer par les derniers. De cette manière l'on sera toujours *sûr* de l'équilibre de végétation et très-heureux d'obtenir une régularité , qui commencera au mois d'avril pour finir au mois d'août ; au lieu d'en jouir une ou deux fois dans le cours de la végétation , en supprimant une quantité considérable de bourgeons le même jour et surtout pendant l'ardeur du soleil. Cette opération nuit , non-seulement à la végétation, mais encore au fruit, qui n'a plus autant de bouches destinées à pourvoir à sa nourriture et qui tombe, très-souvent, en assez grande quantité après cette suppression immodérée.

Cette habitude de traiter les pêchers peut occasionner aussi des engorgements de séve, et par suite la gomme qui est si funeste à cet arbre délicieux : si le cas arrivait, il faudrait faire *trois ou quatre incisions longitudinale*s avec la pointe de la serpette *sur la partie affectée et jusqu'au liber*, qui est chargé de descendre la séve ; cette opération équivaudra à une saignée locale chez les animaux. Si à la taille suivante, les incisions longitudinales (étendues en long), n'avaient pas fait disparaître cet engorgement, cette *tumeur*, on supprimerait, avec une serpette bien tranchante, les écorces endommagées jusqu'à ce qu'elles soient débarrassées de la maladie. On recouvrira immédiatement cette *plaie* avec l'onguent

Saint-Fiacre, à l'aide duquel les écorces se rapprochent promptement.

De toutes les explications que je viens de donner, il ressort une chose qui doit frapper tous mes lecteurs : c'est que si la taille est une opération *très-nécessaire*, on peut dire que la conduite d'un pêcher est encore plus *nécessaire*, bien plus utile et bien plus difficile ; c'est la partie savante de l'arboriculture, car une mauvaise taille peut se rectifier par un bon palissage, une bonne direction, tandis qu'une bonne taille est effacée par le désordre qui règne dans un arbre et qui fait pousser des bourgeons et des *gourmands* où il ne faudrait que des branches de remplacement.

Quand les pêchers sont formés, il pousse très-souvent, à travers la vieille écorce, un petit bourgeon qu'on nomme *dard couronné*, parce qu'il n'a que quelques centimètres de longueur et se termine par une couronne de boutons, au milieu desquels il existe toujours un œil.

Ce dard couronné produit ordinairement de très-belles pêches; on le conservera dans toutes les positions où il se trouvera, pour récolter son fruit et le supprimer à la taille suivante, à moins qu'il ne se trouve sur le côté des branches et qu'il soit nécessaire pour garnir un vide; dans ce cas, il faudrait sacrifier le fruit et tailler ce petit rameau sur les yeux de son talon. Cette production se nomme aussi bourgeon *adventif*, c'est-à-dire, qui vient par hasard, sans être attendu.

Il y a également des yeux latents (*cachés*) qui peuvent rester dans cette situation plusieurs années de suite, et qui produisent des bourgeons, par suite d'une taille plus rapprochée, d'une incision horizontale au-dessus, lors de l'ascension de la séve, ou par un autre motif imprévu. Lorsque les pêchers en éventail seront sur le point d'être formés; il faudra s'assurer si l'harmonie règne dans la longueur des branches sousmères, c'est-à-dire, que les premières

seront plus longues que les deuxièmes,
les deuxièmes plus longues que les troisièmes, ainsi de suite, et si après les
avoir attachées, on s'apercevait d'une
irrégularité trop considérable; il faudrait
revenir sur la taille de prolongement,
parce qu'un arboriculteur jaloux de son
art, ne doit pas craindre de faire quelques changements à son premier travail.

Il est bien aussi de ne tailler quelquefois le prolongement des sous-mères,
qu'après toutes les autres parties du pêcher; afin d'habituer son coup d'œil à
trouver de suite, le point ou chaque
branche sous-mère doit être taillée. Je
recommande particulièrement de ne jamais tailler un pêcher lorsque la séve est
montée, on altère *beaucoup* sa santé et
on occasionne toujours la gomme.

Les années suivantes, les soins successifs se multiplieront, mais les principes
seront toujours les mêmes, et je pense
être entré dans des détails suffisants pour
l'intelligence de l'arboriculteur, et termi-

ner cet article sur le pêcher éventail en espalier.

ARTICLE 2.

Du Pêcher en espalier avec la tige verticale et des membres horizontaux.

Deuxième forme.

Cette forme se compose d'une tige verticale et de cinq membres latéraux de chaque côté, qui répondent aux dix branches sous-mères de la forme en éventail. C'est précisément le pêcher que j'ai élevé à Presles, sous cette figure, qui a été si maltraité par les pucerons et les fourmis en 1844, pendant mon absence. Cet arbre était âgé de dix ans au printemps dernier et ne laissait rien à désirer, parce que cette forme est extrémement avantageuse, par la double raison qu'on l'obtient plus promptement et qu'elle est plus facile à diriger que celle en éventail ; mais il me semble qu'on ne peut guère la nommer *Palmette*, parce qu'elle diffère essentiellement de cette figure, qui représente *une main ouverte ayant les doigts écartés* ; on peut en juger d'après les principes que j'ai suivis :

Première taille. — Au lieu de supprimer la tige à 10 centimètres de hauteur comme pour la forme en éventail, on la supprimera de 25 à 30 centimètres sur *trois yeux*, un de chaque côté, autant que possible à la même hauteur l'un que l'autre, pour former les deux premiers membres latéraux, et le troisième œil, *le plus élevé*, pour continuer le prolongement de la tige. Au fur et à mesure du développement de ces trois yeux, il faudra supprimer, avec la serpette *rez la tige*, tous ceux qui pousseraient plus bas et palisser les trois réservés sur autant de tringles placées de la manière suivante : la première verticalement pour diriger la flèche ; les deux autres, presque horizontalement, pour diriger les deux premiers membres ; en se conformant à ce que j'ai dit pour fixer les tringles et diriger avec des embrasses les

premières branches sous-mères des pêchers en éventail.

Si la flèche s'est suffisamment prolongée, on pincera à la fin d'août son extrémité herbacée pour *aoûter* les trois
yeux sur lesquels on devra tailler l'année
suivante et pour faire passer une plus
grande quantité de séve dans les deux
bourgeons qui formeront les deux premiers membres ; mais on se *rappellera*
que les quatre ou cinq yeux *au-dessous*
de chaque pincement se développent toujours en bourgeons anticipés, et qu'il est
nécessaire de pratiquer ce pincement
assez haut, pour que les *trois yeux* sur
lesquels on taillera l'année suivante res-
tent dormants.

Deuxième taille. — A 50 ou 60 centimètres au-dessus des deux premiers membres, on choisira un œil *de chaque côté*
de la tige, pour former les deuxièmes
membres, et l'œil immédiatement au-
dessus, pour continuer le prolongement
de la tige (*fig.* 9) ; il faudra tâcher que

Figure 9.

cet œil soit placé du côté opposé à celui qui a servi à prolonger la tige l'année dernière, afin que cette tige s'élance le plus droit possible ; dans l'un comme dans l'autre cas, l'embrasse y suppléera toujours. On placera deux nouvelles tringles pour conduire les deuxièmes membres, en se conformant à ce qui a été expliqué pour leur direction.

Les deux premiers membres seront taillés d'après leur vigueur, à la même longueur l'un que l'autre, sur un œil *du dessus* ou *du devant*, et conduits selon les principes connus.

On placera des baguettes *au-dessus* et *au-dessous* de chacun des membres pour palisser les bourgeons et les branches fruitières, au fur et à mesure de leur croissance.

Le jeune pêcher sera attaché, en se servant toujours des morceaux de vieux bouchons, afin que la pression des osiers n'offense pas les écorces, et pour donner de l'air en dessous des membres.

Troisième taille. — Les rameaux supérieurs et inférieurs des premiers membres seront taillés *très-court*, pour assurer leur remplacement. Le prolongement de ces membres se continuera d'après les principes expliqués. Les rameaux, des deux côtés de la tige, seront taillés assez court sur trois ou quatre yeux. Les deuxièmes membres seront taillés un peu au-dessous du tiers de leur longueur, sur un œil en avant ou en dessus; puis à 50 ou 60 centimètres au-dessus de leur naissance, on choisira à *droite* et à *gauche* de la tige un œil pour former les troisièmes membres; l'œil immédiatement au-dessus fournira le prolongement de la tige.

Le palissage et les autres opérations se feront comme précédemment; l'arbre étant plus enraciné poussera davantage; il ne faudra pincer la partie herbacée de la flèche, que lorsqu'on aura acquis la certitude de ne pas faire pousser des bourgeons anticipés à la hauteur de la taille suivante. Cependant, si le cas arrivait, il faudrait toujours donner la préférence pour le prolongement de la tige sur un œil dormant, et asseoir la taille *des membres* sur l'œil des bourgeons anticipés qui se trouverait le plus rapproché de la tige, et c'est avant de pincer la flèche, qu'il faut prévenir cet inconvénient:

Quatrième taille. — Les branches fruitières des premiers membres seront bifurquées pour donner quelques fruits, mais sans *aucune ambition*, et en taillant toujours assez court le rameau le plus *rapproché* du membre, pour assurer le remplacement. Les branches fruitières et les rameaux des deux côtés de la tige seront taillés de même en ménageant un peu ceux qui avoisineront la naissance des premiers membres. Les rameaux des deuxièmes membres seront taillés convenablement; les troisièmes membres selon leur constitution, mais sur un œil *en dessous* pour prolonger ces membres,

les empêcher de pousser trop vigoureusement, et les diriger plus facilement
sur la ligne *presque* horizontale. On
choisira les quatrièmes membres à la distance indiquée, sur un œil placé à droite
et à gauche de la tige, et l'œil immédiatement au-dessus des deux premiers fournira le prolongement de cette tige. Maintenant que l'arbre commence à se dessiner
et à se garnir de branches et de rameaux
à fruits, il ne faudra tailler le prolongement des membres que les derniers, afin
de mieux juger la forme du pêcher, et
que la longueur de ces membres aille
toujours en diminuant du bas en haut,
c'est-à-dire que les premiers seront plus
longs que les deuxièmes, les deuxièmes
que les troisièmes, et ainsi de suite. Ce
n'est qu'un an après sa formation que le
pêcher devra représenter un carré allongé
très-régulier.

Cinquième taille. — Les branches fruitières supérieures des premiers membres
seront toujours bifurquées et trifurquées

selon la circonstance et la nécessité du remplacement. On pourra aussi bifurquer quelques-unes de celles du dessous avec les mêmes précautions pour le remplacement. Il en sera de même pour celles placées sur les côtés de la tige.

Les branches fruitières des deuxièmes membres seront également bifurquées, en considérant leur position et leur vigueur.

Celles des troisièmes membres seront traitées raisonnablement.

Les quatrièmes membres seront taillés moins longs et l'œil terminal ou de prolongement *en dessous* pour modérer sa croissance ; enfin à 50 ou 60 centimètres au-dessus de ces quatrièmes membres, on choisira un œil à *droite* et à *gauche* de la tige, pour obtenir les cinquièmes et derniers membres. On taillera avec la serpette, à 1 ou 2 millimètres au-dessus du plus élevé de ces deux futurs membres, pour supprimer la tige et faire passer toute la séve au profit des dix membres horizontaux , tout en réservant une distance de 30 à 40 centimètres au-dessus de ces derniers membres , pour palisser les branches fruitières et les bourgeons supérieurs.

Le prolongement des premiers membres s'obtiendra toujours au moyen d'un œil placé *en dessus*, celui des deuxièmes membres de même, mais en se rapprochant de la ligne horizontale.

Le prolongement des troisièmes membres, sur un œil, tantôt *en dessous*, en *avant* et en *arrière*, pour suivre la ligne presque horizontale.

Celui des quatrièmes membres, toujours sur un œil *en dessous*, pour atteindre *tout à fait* la ligne horizontale et modérer sa vigueur.

Enfin, les cinquièmes membres seront toujours taillés sur un œil de prolongement placé *en dessous*, pour suivre la ligne horizontale et l'empêcher de pousser trop vigoureusement. On leur laissera suffisamment de fruits, qui seront plus beaux que ceux des parties basses du pêcher. Ces cinquièmes membres porteront des branches fruitières *bifurquées*, *trifurquées*, et seront reformés à l'époque de la taille sur des rameaux en dessous ; toutes les fois qu'ils voudraient s'emporter, on modérera leur ardeur en palissant à bonne heure et en les pinçant souvent. Ainsi, il est prouvé que cette forme gagne un an sur celle en éventail, qu'elle est infiniment plus facile à conduire et donne du fruit plus tôt.

Je crois avoir donné assez de détails sur la forme du pêcher espalier en éventail, pour satisfaire mes lecteurs et les dispenser d'une foule de redites fort ennuyeuses pour les amateurs, mais que le désir d'être utile à ceux des jardiniers et élèves qui savent à peine lire et écrire, m'a suggérées. Si je puis parvenir à éclairer quelques-uns de ces derniers, je me consolerai volontiers de la mauvaise humeur des premiers. Je ne me suis donné que comme *praticien*, et c'est à ce titre

que je réclame leur indulgence, parce
cette méthode, quel qu'en soit l'avenir,
ne m'a coûté que le plaisir d'offrir aux
arboriculteurs des principes à l'aide desquels j'ai formé des élèves qui ont été
reconnus distingués.

Sans doute mes explications laissent
beaucoup à désirer, mais il est impossible de ne rien omettre dans une méthode sortie d'une plume aussi peu exer-
cée que la mienne. Si je suis assez heureux pour publier une deuxième édition,
j'apporterai le plus grand soin à l'augmenter du fruit de mes nouvelles expériences, afin d'atteindre le but que je
crois utile à tous les arboriculteurs.

Je terminerai ces explications en rap-
portant ici la figure du pêcher conduit à
Presles sous cette forme, et qui avait été
endommagé en 1844 (*fig.* 10).

Figure 10.

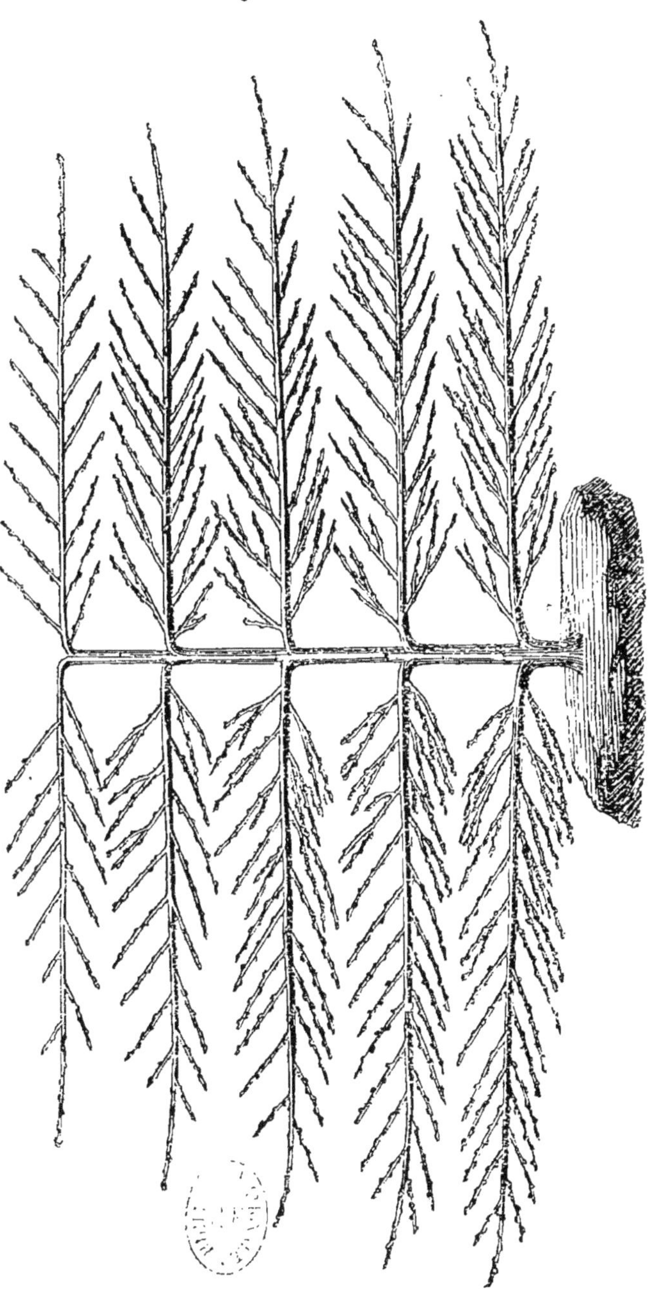

Planté en 1837.— Peint à l'huile en 1846.
7.

CHAPITRE II.

Culture et taille du Pécher en plein vent.

—

ARTICLE 1.

Du Pécher en vase.

Je n'expliquerai cette forme que pour des cas extraordinaires, parce qu'on n'a pas toujours un emplacement convenable pour élever des pêchers en plein vent; sous ce rapport, j'étais très-heureusement partagé à Presles, où deux murs très-élevés et à l'exposition du midi m'ont permis d'obtenir deux pêchers en vase à haute tige, qui étaient les seuls que MM. les commissaires de la Société d'horticulture connussent aux environs de Paris. Après la dernière visite de ces Messieurs, en 1844, ils ont bien voulu insérer, dans le rapport qui a été publié, dans nos Annales du mois de novembre suivant; que l'un de ces pêchers était un chef-d'œuvre d'amateur.

J'ai dû en élever deux nouveaux à basse tige à Paris, parce que cette forme est très-gracieuse, et que le pêcher s'y prête mieux que toutes les autres espèces d'arbres; à cause de sa belle végétation et de ses nombreux rameaux. Voici les principes que je conseille de mettre en pratique pour obtenir cette forme.

Première taille. — On supprimera la tige du jeune sujet, à 10 c. au-dessus du collet de la greffe; sur trois yeux formant le triangle, et autant que possible à la même hauteur les uns que les autres; en se conformant à ce qui a été expliqué pour la suppression de la tige des pêchers en espaliers; on couvrira l'aire de la coupe avec l'onguent Saint-Fiacre. A mesure que ces trois bourgeons se développeront, il faudra supprimer tous ceux qui pousseraient au-dessous d'eux, afin de favoriser le prolonge-

ment des trois supérieurs qui constitueront la charpente du vase que l'on ouvrira plus ou moins, selon l'emplacement
ou la volonté de l'arboriculteur. Pour y
parvenir, on prendra trois petites baguettes de coudrier dont un bout sera
enfoncé légèrement dans le sol auprès de
la tige , et dans la direction du bourgeon
que cette baguette devra conduire. Il
faudra garantir, avec une loque en drap,
la partie de la tige où ces baguettes seront fixées , à l'aide d'un osier, afin de
les entrer très-peu en terre pour ne pas
offenser le chevelu des racines : Chaque
baguette sera inclinée ou redressée selon
l'ouverture du vase; on attachera les
trois bourgeons sur ces baguettes avec
un petit jonc de marais , de manière à ne
pas les gêner ni les offenser. Un petit tuteur planté verticalement et assez loin
des racines , donnera l'écartement et la
direction nécessaires. Si, au contraire,
l'écartement était trop considérable, il
faudrait le resserrer au moyen d'un au-

tre tuteur, dont la base serait attachée à la tige du pêcher, tandis que son prolongement vertical servirait à rapprocher, du centre du cercle, les baguettes et par conséquent les bourgeons qu'elles dirigent ; il faudra surveiller ces bourgeons pour les défendre des atteintes du charançon, du *liset* ou *coupe-bourgeon*. On pincera à une ou deux feuilles les bourgeons anticipés qui viendraient à se développer dans le bas des trois bourgeons, et on ne pincera leurs extrémités herbacées que fort tard pour *aoûter* les yeux sur lesquels on taillera au printemps suivant. A cette époque du mois d'août, on donnera définitivement l'écartement que le bas du vase devra avoir, car, la séve *épaissie* (*élaborée*) en fournissant une nouvelle couche de bois, fixera les trois branches à la position qu'on leur donnera.

Deuxième taille. — Le printemps suivant, on détachera les trois rameaux ; on les taillera de 10 à 15 c. au-dessus de leur naissance, sur un œil *du dehors* pour prolonger la branche; l'œil immédiatement au-dessous, *à droite ou à gauche du rameau*, donnera naissance à un bourgeon qui formera les premières branches secondaires.

Cette forme en vase n'est vraiment jolie qu'autant qu'elle est très-régulière. Il faudra toujours prendre les branches secondaires, *de chaque année, du même côté;* soit sur la droite ou sur la gauche de chaque branche principale, et toujours à la même hauteur les unes que les autres; le coup d'œil étant mieux exercé, désignera de suite les yeux qui devront les produire. Les trois premières baguettes seront rapprochées et attachées aux branches principales pour conduire les bourgeons de prolongement. Trois autres baguettes plus petites, seront fixées à la naissance des trois premières branches secondaires, pour diriger les bourgeons qui devront les produire. On disposera un petit cercle en fil de fer à la partie supérieure des six baguettes, pour les maintenir à la distance que l'on voudra. Je recommande particulièrement les embrasses pour le prolongement des branches en lignes directes, de manière à faire disparaître à la deuxième année le coude que la taille produira.

Pour favoriser le développement des branches principales et des branches secondaires, il faudra pincer à trois ou quatre feuilles les bourgeons qui pousseraient trop vigoureusement dans leur voisinage, en *se souvenant* que les quatre ou cinq yeux au-dessous d'une taille, développent avec d'autant plus de vigueur, qu'ils se trouvent plus rapprochés de cette taille.

Je recommanderai aussi de ne pas confondre les bourgeons qui devront former les branches secondaires avec ceux qui seront pincés. On placera de nouvelles baguettes, partant de la tige et aboutissant sur le cercle en fer, afin de pouvoir palisser les bourgeons qui développeront dans l'intervalle d'une branche à l'autre. Toutes les autres opérations indiquées pour le courant de l'été, se feront régulièrement. On fera les pincements nécessaires pour entretenir la séve vers le bas du vase, sans faire développer les yeux sur lesquels il faudra tailler l'année suivante. On pincera *en tout temps* à trois ou quatre feuilles tous les bourgeons du dehors et du dedans pour obtenir un vase d'une parfaite régularité; avec les bourgeons *seulement* des deux côtés des branches principales et des branches secondaires.

Troisième taille.—Les rameaux à *fruits* seront taillés à trois ou quatre yeux au plus, en vue du remplacement par un œil du talon. Les yeux qui donneront naissance aux deuxièmes branches secondaires seront choisis sur *le côté opposé* des premières branches secondaires, à 20 ou 25 c. au-dessus des premières; l'œil immédiatement au-dessus, et toujours *en dehors*, servira pour le prolongement des branches principales; ainsi, deux conditions qui ne se rencontrent pas à point nommé : la première, un œil sur le côté de chaque branche principale, *sera opposé* aux premières branches secondaires, et, la deuxième condition, un œil de prolongement, *en dehors*, sur chaque branche principale. S'il y avait impossibilité de réaliser cette exigence avec les deux yeux les plus rapprochés de la coupe, on prendrait l'œil de prolongement en dessus; afin que toutes les branches secondaires soient placées, chaque année, *du même côté* et à la même hauteur, sans quoi on ne parviendrait jamais à former un joli modèle. Les rameaux de prolongement des premières branches secondaires seront taillés au tiers de leur longueur, sur un œil du dessus, pour favoriser le développement de ces trois branches secondaires.

On placera des baguettes pour conduire les bourgeons qui donneront naissance aux deuxièmes branches secondaires, en se conformant, pour toutes les autres opérations, à ce qui a été expliqué.

Quatrième taille. — Les rameaux à fruit seront toujours taillés sans bifurcations, mais donneront quelques pêches. Si le pêcher n'a pas bien prospéré l'année dernière, il faudra s'abstenir de prendre *cette année* les troisièmes branches secondaires et tailler le prolongement des branches principales au-dessous de la hauteur où l'on devra tailler l'année suivante afin de pouvoir pincer à son aise les parties supérieures de ces bourgeons de prolongement, sans craindre de faire développer les yeux qui se trouveront à leur base et sur lesquels on asseoira la taille du printemps d'ensuite : cette précaution sera d'autant plus nécessaire que la séve se porte toujours avec *impétuosité* vers les parties supérieures du pêcher plein-vent, et qu'en rapprochant les branches principales, une ou deux fois, quand l'arbre est bien enraciné, on refoulera la séve au profit des branches secondaires. L'année où ce rapprochement aura lieu, *il faudra pincer* une, deux et trois fois, les bourgeons qui développeront violemment sur la partie réservée de la branche principale, parce qu'ils se trouveront dans une position doublement avantageuse : la taille et leur situation supérieure. Si ces pincements sont faits à propos, on sera certain de cueillir des pêches l'année suivante sur cette partie de la branche principale. J'ai pratiqué ce rapprochement plusieurs fois sur tous mes pêchers, et j'en ai obtenu les plus heureux résultats.

En supposant que le pêcher ait parfaitement prospéré l'année précédente, et qu'on voulût faire développer à la quatrième taille des troisièmes branches secondaires, on les prendra à 20 ou 25 c. au-dessus, et du côté opposé aux deuxièmes branches secondaires, afin que les premières se trouvent du même côté que les troisièmes, les deuxièmes du même côté que les quatrièmes, et ainsi de suite. L'œil immédiatement au-dessus et en dehors des troisièmes branches secondaires fournira le prolongement de la branche principale.

Les premières branches secondaires prendront leur prolongement sur un œil *de dessus*, et seront taillées au-dessous du tiers de leur dernière élongation, afin qn'elles poussent avec plus de vigueur.

Les rameaux qui doivent former les deuxièmes branches secondaires seront taillés un peu moins long, par la raison qu'ils se trouvent situés dans une position plus favorable.

Toutes les autres opérations se feront comme à l'ordinaire : les pincements seront plus sévères pour les parties supérieures, afin que la séve nourrisse davantage les parties basses et assure le remplacement qu'il est bien plus *difficile* d'obtenir sur ces sortes de formes que sur celles en espalier. Je conseille aux amateurs qui voudront se perfectionner dans la conduite des pêchers d'en élever *au moins un* en vase; ils auront une idée très-juste du mode de végétation de cet arbre *si impétueux* et *si docile* en même temps lorsqu'une main habile le dirige.

Cinquième taille. — On pourra laisser quelques bifurcations des mieux constituées pour avoir du fruit, mais *sans gourmandise*. Il faut que la taille soit savante, car il n'est guère possible de se donner plus de quatre branches secondaires sur les trois branches principales d'un pêcher en vase. Il faudra supprimer le cercle en fer pour le remplacer par un cercle en bois, enveloppé de loques, pour ne pas endommager l'écorce. Ce cercle sera soutenu avec deux tuteurs, dont les bases seront éloignées des racines, tandis que les parties supérieures aboutiront sur la ligne circulaire; ces tuteurs seront consolidés, dans cette position inclinée, au moyen d'une jambe de force.

Le prolongement des premières branches secondaires s'obtiendra toujours à l'aide d'un œil placé en dessus. Le prolongement des deuxièmes branches secondaires sera mixte (*variable*) selon la circonstance; il pourra se prendre *en dessus*, *en dessous* ou *sur les côtés*, pour augmenter ou diminuer la ligne circulaire.

Le prolongement des troisièmes branches secondaires sera toujours *en dessous*, à cause de la position élevée de ces branches, et pour diminuer leurs moyens végétatifs. A 20 ou 25 c. au-dessus de ces troisièmes branches secondaires, et du côté opposé, on prendra sur chaque branche principale les quatrièmes branches secondaires; l'œil immédiatement au-dessus fournira le prolongement des branches principales.

Je terminerai là mes explications, parce qu'avec quatre branches secondaires sur chaque branche *primaire*, on aura un pêcher en vase composé de quinze branches et d'une hauteur de 1 m. 60 c. à 2 m. (*fig. 11*), ce qui est fort joli et très-suffisant pour manger de belles et bonnes pêches bien plus succulentes et bien plus fraîches que celles qui viennent en espalier.

On apportera la plus grande attention à maintenir la séve par en bas, afin d'être toujours certain que les bourgeons de remplacement ne feront pas défaut en léguant des nudités qui feraient durcir l'écorce. La séve monterait avec plus de pétulance vers les parties supérieures des pêchers qui ont plus besoin d'être taillés que les autres arbres à fruit. Pour prévenir un désordre qui augmenterait chaque année, deux moyens sont au pouvoir de l'arboriculteur : le *premier* c'est de pincer des parties élevées, et le *deuxième* c'est de reformer souvent le prolongement des branches supérieures sur des rameaux assez élevés pour que cette suppression ne s'opère jamais sur une partie de branche trop forte : à cet

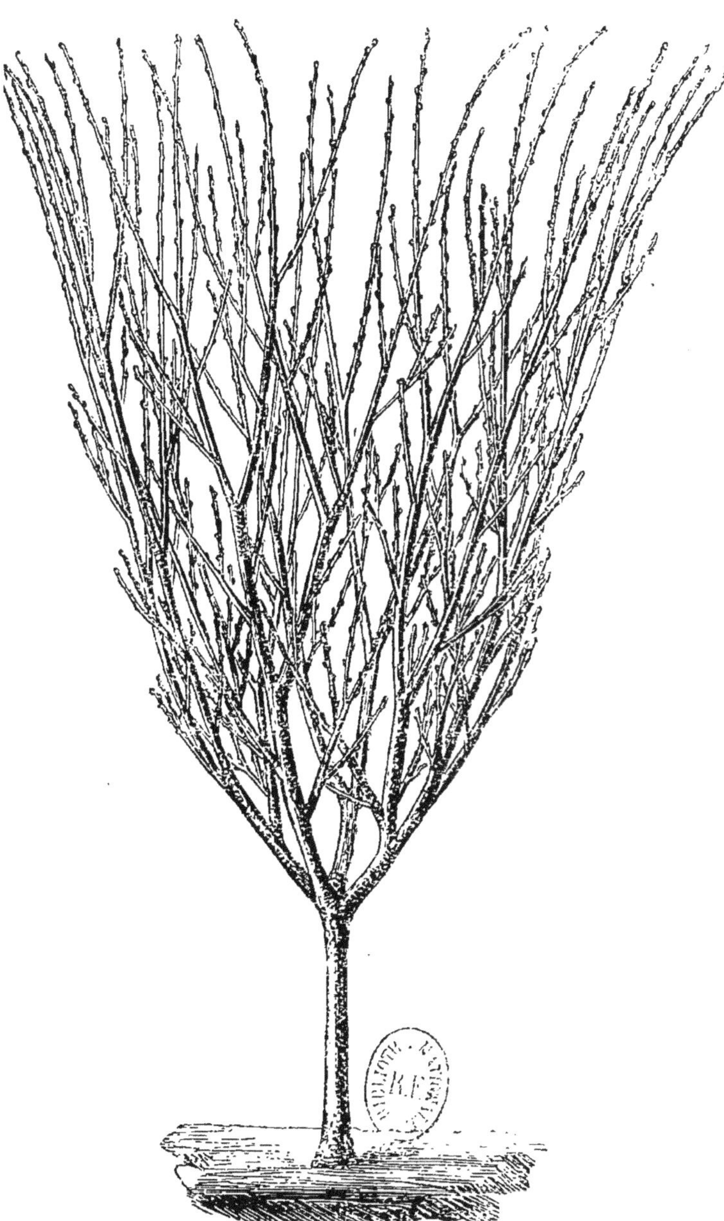

Figure **11.**

Planté en 1837. — Peint à l'huile en 1845.

effet on choisira, dans le cours de la végétation, un bourgeon bien placé pour le palisser avec l'embrasse le long de la partie à supprimer, de manière à lui imprimer peu à peu la direction de cette partie de branche qu'il remplacera à la taille du printemps.

ARTICLE 2.

Du Pêcher en plein vent.

Il est très-difficile de fixer la séve vers les parties basses du pêcher en plein vent. Au mois d'août de la première végétation, il faudra pincer à cinq ou six feuilles tous les bourgeons qui ne seraient pas nécessaires à la formation de l'arbre. Les années suivantes, il faudra prendre des branches secondaires sur les branches principales d'après les principes expliqués pour la forme en vase. La taille et les pincements feront toujours développer des bourgeons de remplacement sur les branches fruitières, et s'opposeront à la croissance de fortes branches, soit à l'intérieur, soit à l'extérieur du pêcher. C'est à l'intelligence de l'arboriculteur à prévenir un désordre qui aurait pour résultat la nudité complète de toutes les parties basses de l'arbre. On parviendra à entretenir le bas du pêcher de bourgeons, en ayant la précaution de rapprocher chaque année les branches fruitières de cette partie sur les trois ou quatre yeux au-dessus de leurs talons.

CHAPITRE III.

Des diverses formes à donner au Groseillier à grappes.

—

D'après l'ordre naturel de la végétation, on agirait plus sensément en commençant la taille par les arbres à fruits à noyaux, parce qu'ils se développent avant les arbres à pepins, et qu'ils sont sujets à la gomme lorsqu'on les taille quand la séve est montée; cependant ils craignent les gelées, et pour cette raison, il ne faudra les tailler que lorsqu'elles ne seront plus à craindre. Les vieux pommiers et poiriers étant plus durs et n'ayant point de séve à perdre, seront taillés depuis la fin de janvier jusqu'au 15 de février, pour avancer un peu sa besogne. On taillera les groseilliers immédiatement après, puis la vigne, les pêchers, les abricotiers, les pruniers, les cerisiers, les poiriers et les pommiers.

Première forme de Groseilliers.

Cet arbrisseau se plante en espalier, sur les plates-bandes, et partout où on aura un petit coin de terre, car il n'est nullement difficile et rapporte des fruits en grande quantité, qui sont très-utiles et fort estimés. On éclatera au mois d'octobre ou de novembre des scions (*rejetons*) qui poussent ordinairement sur les racines; on les plantera à trois ou quatre yeux au-dessus de leur éclat, parce qu'ils poussent très-facilement sans le secours d'une partie des racines de leurs mères. Ceux en espalier seront plantés dans l'intervalle des arbres fruitiers, qui n'auront pas encore atteint toute leur étendue; un mètre suffit au groseillier qui dure fort peu d'années, et que l'on supprimera au fur et à mesure que les autres espaliers l'exigeront. On le taillera la première année à 20 c. au-dessus du sol, pour le conduire en éventail ou sur une tige verticale, avec des membres latéraux, d'après les principes du pêcher ; seulement, toutes les branches secondaires seront à 10 c. les unes au-dessus des autres. Au moyen du pincement, on le formera dans trois ans, en prenant chaque année plusieurs branches secondaires de chaque côté, selon sa vigueur, et en pinçant à trois ou quatre feuilles tous les bourgeons qui ne devront pas former de branches, mais qui donneront du fruit l'année suivante. Le fruit du groseillier en espalier est beaucoup plus beau et de meilleur qualité que celui du groseillier en plein air.

Si les pincements sont faits à propos, il n'y aura que le prolongement à tailler chaque année ; les autres productions qu'on aurait oublié de pincer, seront toujours taillées à deux ou trois yeux au-dessus de leur talon.

Deuxième forme.

On pourra en former, en chandelier, sur les plates-bandes. La première taille sera portée à 15 c. de hauteur sur quatre ou cinq yeux ; celui du haut prolongera la tige au moyen d'un tuteur, les autres formeront une première couronne. Tous les bourgeons qui ne seront pas nécessaires à la constitution de la charpente, seront pincés pour donner du fruit l'année suivante. La seconde taille fera développer une deuxième couronne à 20 c. au-dessus de la première. On taillera les rameaux de la première couronne selon leur vigueur : l'œil le plus près de la coupe fournira le prolongement de la branche ; celui qui sera immédiatement au-dessous, soit à droite, soit à gauche du rameau, formera une première branche secondaire. Un autre bourgeon, à 10 c. au-dessous et du côté opposé à la première branche secondaire, en formera une deuxième, et cela sur chaque branche principale. Tous les bourgeons inutiles seront pincés à trois ou quatre feuilles. On pincera aussi, pour les mettre à fruit, tous les bourgeons qui prendront

naissance sur la tige entre les deux-cou-
ronnes.

A la troisième année, on prendra une
troisième couronne ; les branches de la
première couronne seront taillées de manière que toutes les branches secondaires,
qu'elles porteront, soient toutes opposées
et à égale distance les unes des autres,
au moyen du pincement.

On procédera de même pour toutes les
couronnes, il suffira d'en avoir quatre
ou cinq au plus et au-dessus les unes des
autres, sur le même groseillier. Cette
forme produira un très-joli effet sur les
plates-bandes, si on a l'attention de diminuer la circonférence des couronnes à
mesure qu'elles s'élèveront au-dessus du
sol.

Troisième forme.

Si l'on ne veut pas élever les groseilliers sur les plates-bandes, on pourra les
disposer en *corbeille*, ce qui produit encore un fort bel effet dans un potager.

La première taille sera portée à 15 c. au-dessus du sol ; on disposera les trois ou quatre bourgeons du haut en forme de corbeille, les autres seront supprimés à la serpette, *rez la tige*. A la fin de juillet, on pourra pincer la partie herbacée de ces trois ou quatre bourgeons afin d'aoûter les yeux du bas. Au printemps suivant, on taillera ces rameaux pour obtenir le prolongement des branches principales et la naissance d'une branche secondaire sur chaque branche principale, du même côté les unes que les autres. Un bourgeon à 10 c. au-dessous, et du côté opposé à la première branche secondaire, formera une deuxième branche secondaire ; tous les autres bourgeons en dehors et en dedans seront pincés et donneront du fruit l'année d'ensuite.

Les autres tailles seront toujours subordonnées à la vigueur du sujet, et chaque année fournira deux branches secondaires, toujours opposées et à égale distance les unes que les autres. Pour

que cette forme soit très-jolie, il est nécessaire que la corbeille ne soit pas élevée à plus de 60 à 70 centimètres au-
dessus du sol, afin que l'œil puisse
convoiter toutes les grappes de l'intérieur, et que la main des petits enfants
puisse les atteindre.

Afin que ces trois formes puissent
prospérer promptement, il faudra qu'on
ait l'attention d'ôter exactement tous les
rejetons qui font un mauvais effet, et qui
épuiseraient le sujet au point qu'il ne
pourrait plus suffire à l'alimentation de
sa belle tête.

CHAPITRE IV.

De la taille de la Vigne.

—

Tout le monde sait planter un pied de vigne, mais tout le monde ne sait pas le tailler, l'ébourgeonner, le pincer, le palisser et le diriger selon les principes que voici : avant de tailler un cordon de vigne, d'un certain âge, il faudra supprimer avec la scie à main toutes les crossettes plus ou moins longues qui choquent la vue et nuisent à la production, pour ne laisser que le sarment le plus rapproché du cordon, parce que cette opération provoque la sortie de nouveaux yeux à travers la vieille écorce. Les coursons seront éloignés de 10 à 20 centimètres de distance sur toute la longueur du cordon ; on retranchera de même toutes les productions qui se trouveront *dessous*, *en avant* et *en arrière*, de manière qu'il n'existe que les sarmets supérieurs du cordon et qui seront taillés au sécateur à *un œil au-dessus des sous-yeux*, la coupe oblique, le biseau du côté de l'œil. Si le cordon n'a pas atteint toute sa longueur, l'œil de prolongement sera toujours *en dessous*, afin que celui qui le précédera se trouve en dessus pour continuer la série des coursons, en même temps que l'œil terminal se trouvera situé favorablement pour prolonger le cordon sans coude. A mesure que ce bourgeon se développera, il faudra l'attacher *bien doucement* pour lui faire suivre la direction du cordon. Dès que la grappe sera visible, il faudra ébourgeonner la vigne ; pourquoi lui laisser produire des bourgeons qu'on supprimera à la fin de juin ? C'est l'épuiser en pure perte et nuire considérablement au volume de la grappe et à la qualité du fruit. Dans la première quinzaine de mai, on supprimera le même jour tous les bourgeons inutiles, ou qui n'auraient pas de grappes ; cette opération est la plus délicate et mérite beaucoup d'attention. Si la vigne est jeune, on ne laissera que deux bourgeons sur chaque courson. Si l'un des deux bourgeons n'avait pas de grappe, et qu'il prît naissance au talon du courson ou sur le cordon même, il faudrait le réserver pour le remplacement, et en laisser un deuxième qui aurait de la grappe, afin de ne pas se priver de fruit : on agira de même sur toute la longueur du cordon. Ainsi, sur toute espèce de tige, le principe du remplacement doit passer avant tout, par la raison que le remplacement assure une succession non interrompue de beaux et bons fruits.

Comme la séve se porte toujours plus violemment à l'extrémité du cordon, il faudra pincer, à l'époque de l'ébourgeonnage, la partie supérieure des derniers bourgeons, afin de faire refluer cette séve vers le centre du cordon.

Quand les bourgeons seront un peu durs, il faudra les palisser pour éviter que les coups de vent ne les rompent; puis à la fin de juin ou au commencement de juillet; et, la *fleur passée*, il faudra casser tous les bourgeons au premier ou au deuxième nœud qui se trouvera *au-dessus* de la grappe la *plus élevée*.

Cette opération fera grossir les raisins à vue d'œil, et réduira la hauteur entre chaque cordon à 40 ou 50 centimètres. Le pincement aura lieu toutes les fois que des bourgeons anticipés paraîtront, de manière que les feuilles supérieures des bourgeons du premier cordon, affleureront la partie inférieure du deuxième cordon, sans jamais le dépasser. On supprimera aussi toutes les *vrilles* ou *mains*, qui sont des organes avortés et qui épuisent la vigne sans aucun profit : la nature les a créés pour servir d'attache aux bourgeons, lorsqu'ils croissent en liberté; mais comme la taille a été imaginée pour donner une forme plus agréable aux arbres, pour répartir la séve également dans toutes leurs parties et pour obtenir de plus beaux et meilleurs fruits, il faudra supprimer très-exactement ces organes avortés.

J'ai pincé, plusieurs années de suite, tous les bourgeons *impairs* d'une vigne avant la fleuraison, et tous les bourgeons *pairs* après cette époque, c'est-à-dire lorsque les grains de raisin étaient formés ; j'ai toujours remarqué la *coulure* de la fleur sur les numéros impairs, et un plein succès sur les numéros pairs. Comme cet inconvénient peut être attribué à mon terrain, qui est *très-brûlant*, on pourra essayer ce moyen dans un terrain *ordinaire*, parce qu'il procure beaucoup de volume à la grappe, lorsque les conditions de température sont favorables : un arboriculteur intelligent apprend à connaître les ressources de la nature en faisant des essais qui doivent toujours être subordonnés au sol de son jardin.

Au mois de septembre, le bourgeon

de prolongement sera incliné horizontalement, afin que la séve élaborée, qui commence à former le sarment, le maintienne dans une position aussi directe qu'un cordeau, d'où lui vient le nom de *cordon*.

A la taille du printemps suivant, il faudra procéder d'après les principes du rapprochement : démonter, avec le sécateur, tous les coursons de l'année dernière, pour les remplacer par de nouveaux, qui seront d'autant plus rapprochés du cordon, que l'ébourgeonnage aura été *plus ou moins bien fait*. Tous les coursons seront simples et taillés, comme l'année dernière, à *un œil au-dessus des sous-yeux*, et éloignés de 10 à 15 centimètres les uns des autres. Le sarment qui formera le prolongement du cordon sera taillé selon la vigueur du pied de vigne et selon les besoins, car la puissance végétative sarmenteuse est très-considérable ; j'en ai éprouvé l'effet en taillant un cordon trois ans de suite, à 3, 4 et

5 mètres de longueur, sans que les coursons près de la tige aient été annulés : ce fait a été constaté par MM. les commissaires de la Société royale d'horticulture.

Je ne prétends nullement conseiller ces moyens dans une circonstance ordinaire ; ils ne devront être employés que dans un cas extraordinaire et après avoir recouché et fumé une jeune vigne à laquelle on fera décrire un cercle plus ou moins large sur la plate-bande, avant de l'amener au point du mur, où sa tige pourra s'élever à une grande hauteur. La première taille se fera à la serpette, au troisième œil au-dessus du sol; quand les bourgeons seront développés, on attachera *d'abord*, bien doucement, celui du haut le long d'une gaule qui le conduira; ensuite les deux autres seront pincés. Si au bout de quelques jours le pincement faisait développer un quatrième bourgeon sur la partie de la tige enterrée, il faudrait lui accorder la préférence, car il deviendra très-vigoureux; alors on pin-

cera seulement le supérieur pour le re-
pincer avec les n°ˢ 2 et 3, toutes les fois
qu'il y aura nécessité, afin que toute la
séve passe au profit du plus vigoureux.
J'ai pratiqué cette opération au printemps
dernier, et j'ai obtenu un scion de 14
mètres d'élévation. L'année suivante on
pourra tailler à 3 ou 4 mètres, et commencer les cordons avec les bourgeons
de l'année, s'ils se trouvent à la hauteur
nécessaire. Enfin la vigne est tellement
facile à conduire, qu'un arboriculteur
intelligent pourra la diriger sous toutes
les formes.

CHAPITRE V.

Des Abricotiers.

—

ARTICLE 1.

Abricotiers en espalier.

C'est un arbre qui désole les arboriculteurs, parce qu'il se montre très-rebelle à la taille. Si des yeux inattendus ne sortaient pas chaque année à travers la vieille écorce, je dirais que c'est un vilain arbre pour former des espaliers.

Il est très-sujet à la gomme, il meurt d'un côté pour végéter d'un autre, et détruit très-souvent la forme sous laquelle on voulait le conduire.

La forme du pêcher en éventail lui convient peu ; j'en ai élevé de plus beaux au moyen de la tige verticale et des bras horizontaux ; mais ils ont été déshonorés par la perte de plusieurs membres.

Première taille. — La forme qui m'a le mieux réussi est celle de la queue de paon en éventail ; on l'obtiendra en coupant la tige à 10 centimètres au-dessus du sol ; tous les bourgeons seront palissés sur des baguettes dans des directions différentes, de manière à pouvoir en obtenir des branches secondaires par la suite.

A la fin d'août, on pincera les deux bourgeons du milieu pour les empêcher d'abuser de leur position presque verticale et protéger la croissance des autres ; on pincera également les bourgeons du bas de la tige : les trois supérieurs placés à droite et à gauche suffiront à cette forme.

La *deuxième taille* sera faite pour que l'œil supérieur de chaque rameau fournisse le bourgeon de prolongement, et l'œil immédiatement *au-dessous du supérieur* fournira la première branche secondaire *en dessous*, à 10 ou 15 centimètres au-dessus de la naissance du rameau : on ne taillera l'abricotier qu'à la serpette. Il ne faudra jamais prendre de branches secondaires *en dessus*, parce qu'elles absorberaient beaucoup trop de séve et formeraient *toujours* ce que nous nommons *l'anse de panier*. On disposera les baguettes pour diriger toutes les branches secondaires, et on attachera l'abricotier.

Tous les bourgeons supérieurs de chaque branche seront pincés pour en former des coursons et des brindilles, tout en se rappelant que cet arbre est très-fier, et qu'un pincement trop multiplié ferait échouer la combinaison.

Troisième taille. — Au printemps suivant, il y aura peu de brindilles à tailler ; on ne fera que les rapprocher pour provoquer leur remplacement sur la couronne des coursons ; c'est encore là, on le voit, la partie savante de la taille.

Les branches principales et secondaires seront éloignées de 10 à 15 c. les unes des autres. On se réglera sur la hauteur du mur et sur l'écartement des branches principales, pour connaître le nombre des branches secondaires.

L'œil de prolongement des branches inférieures sera toujours *en dessus* et dirigé au moyen d'une embrasse, sans laquelle on ne réussirait jamais à lui donner une position directe. Les autres branches principales fourniront, chaque année, une branche secondaire *de dessous*. On disposera les baguettes qui devront les conduire; on attachera l'abricotier et on le garantira, si c'est nécessaire, avec un panneau en genêts; les autres opérations, quoique multipliées, se feront toujours d'après les principes prescrits.

La *quatrième taille* fera disparaître ceux des anciens coursons qui seraient superflus, pour les remplacer par de plus jeunes, qu'on devra toujours tailler *très-court* pour que leurs *couronnes* en dessus, en dessous et en avant, n'aient jamais plus de trois brindilles fruitières,

formant la patte d'oie. La brindille la
plus rapprochée de la couronne de chaque courson , sera taillée plus court que
les deux autres ; afin de fournir au remplacement en même temps qu'elle portera
un ou deux fruits. On suivra exactement
ces principes pendant toute l'existence
de l'abricotier, afin que le remplacement
et le pincement ne permettent jamais aux
brindilles de s'allonger d'une année sur
l'autre : elles doivent être remplacées
tous les ans , par la raison que c'est à la
seconde année de leur naissance, qu'elles
donnent du fruit , et qu'elles resteraient
nues à leurs bases , si on ne les rappro-
chait pas. Toutes les branches principales et secondaires seront taillées convenablement. Les branches secondaires
s'obtiendront toujours *en dessous*, au
moyen de l'œil qui se trouvera immédiatement après celui qui prolongera
les branches principales, et en pinçant de
bonne heure les bourgeons qui développeront en dessus.

On pourra aussi dresser des abricotiers, d'après la forme en palmette, en supprimant la tige à 20 ou 30 centimètres au-dessus du sol et en dirigeant les branches, suivant la figure d'une main ouverte ayant les doigts écartés. Cette forme est peu avantageuse à cet arbre, et je conseille de s'en tenir à celle ci-dessus.

ARTICLE 2.

Abricotiers en plein vent.

Les plus beaux abricotiers sont ceux qui vivent en plein vent; il suffira de les *éboucter*, les deux ou trois premières années pour les faire ramifier. On pourra aussi pratiquer quelques petits pincements dans l'intérieur, pour les empêcher d'y produire de fortes branches et leur procurer une plus grande quantité d'air.

Si la nécessité vous forçait à supprimer une branche secondaire, ne le faites *jamais rez la branche principale;* l'onglet de la partie retranchée occasionnerait certainement une épouvantable maladie à cette branche et peut-être sa mort. Dans une telle circonstance, opérez cette suppression à 10 ou 15 centimètres au-dessus de la branche principale, afin que la partie qui a supporté l'amputation en ressente seule l'effet, en produisant des bourgeons jusqu'à sa base. L'année suivante, il vous sera facile de rapprocher encore le moignon, de manière à ne laisser subsister, sur la branche principale, qu'une couronne composée de trois ou quatre rameaux. Les fruits des abricotiers en plein vent sont plus parfumés que les fruits de ceux plantés en espalier.

Toute la taille des abricotiers en plein vent peut se borner à rapprocher tous les ans, au mois de novembre, les branches fruitières qui seraient trop longues et à supprimer le bois mort. Je pratique cette taille depuis quelques années et je m'en trouve fort bien, par la raison que si l'œil le plus rapproché de la coupe

vient à geler, sa perte ne dérange aucune combinaison, que l'onglet a le
temps de sécher pendant l'hiver, et que
la séve n'éprouve aucune contrariété
dans sa marche ascensionnelle du printemps suivant. Enfin, je ne puis m'empêcher de citer un exemple, qui prouve
jusqu'à l'évidence, que les abricotiers se
prêtent peu à l'opération de la taille, et
que ceux en plein vent demandent à végéter librement : j'habite un quartier où
toutes les guinguettes et les cours de
quelques mètres carrés, tous les jardins
et les nombreux chantiers, sont garnis
d'une grande quantité de beaux et vigoureux abricotiers qui me font envie,
et qui n'ont jamais connu ni le sécateur,
ni la serpette.

CHAPITRE VI.

Du Prunier.

—

ARTICLE 1.

Du Prunier en espalier.

Presque tous les pruniers viennent en espalier, y produisent un bel effet et beaucoup de fruits qui mûrissent avant ceux des pruniers en plein vent. La reine-Claude violette, la prune d'Agen et la mirabelle, sont les variétés auxquelles on peut accorder la préférence, car toutes les formes conviennent à leurs arbres parce qu'ils poussent vigoureusement. Cependant, comme on cultive peu d'arbres de cette espèce en espalier, je conseille d'adopter la forme avec la tige verticale et les membres horizontaux pour les deux premières variétés.

On placera tous les membres de 20 à 30 c. les uns des autres et l'on prendra ensuite, sur chacun d'eux, des branches secondaires en dessous et éloignées de 10 à 15 c. les unes des autres.

Le mirabellier produira un charmant effet, à queue de paon en éventail, en se conformant aux principes expliqués pour la conduite de l'abricotier sous cette forme.

Les expositions du levant, du midi et du couchant sont nécessaires pour les pruniers en espalier.

Comme en toutes choses il faut admirer l'ouvrage du créateur, je vais expliquer la différence qui existe entre l'abricotier et le prunier, afin qu'on puisse le tailler en conséquence : l'abricotier supporte peu la taille parce qu'il produit de lui-même des yeux adventifs. Le prunier, au contraire, supporte très-bien la taille et les différentes opérations du pincement, par la raison qu'il ne reperce pas et que les branches coursonnes se dénudent très-facilement; ainsi donc, on agira très-prudemment en prenant en dessous toutes les branches secondaires des pruniers et en provoquant, chaque année, le remplacement des brindilles; sans quoi, on aurait bientôt des nudités fort désagréables. Pour les éviter, il faudra savoir faire le sacrifice de quelques fruits en faveur du remplacement.

ARTICLE 2.

Du Prunier en plein vent.

Les rameaux de prolongement seront taillés les trois ou quatre premières années, de manière à obtenir, *chaque année*, une branche secondaire à 20 ou 30 centimètres les unes des autres et de chaque côté des branches principales. Ces branches secondaires seront très-utiles pour faire décrire aux pruniers un cercle qui augmentera d'année en année, en se conformant aux principes indiqués pour l'obtention des branches

secondaires et pour le choix des yeux
qui produiront les bourgeons de prolongement. Je conseille aussi de tailler
chaque année les rameaux à fruit; afin
de provoquer la sortie d'un bourgeon
de remplacement, à la base de chaque
branche fruitière : on emploiera le pincement pour empêcher le développement
de grosses branches à l'intérieur de
l'arbre et à l'extérieur de la ligne circulaire.

CHAPITRE VII.

Du Cerisier.

—

Les cerisiers les plus vigoureux viennent très-bien en espaliers; ce sont les rivaux des pêchers, car ils poussent vigoureusement. Montreuil, le berceau du pêcher, cultive le cerisier en espalier en très-grande quantité, par la raison que lorsqu'il est bien formé et bien traité, il est ravissant sous le rapport de son abondante production et de son élégance.

J'ai cultivé ces deux variétés au moyen de la tige verticale et de membres latéraux de chaque côté, imitant la figure d'un triangle allongé, encadrant un mur de 7 mètres de hauteur, sur 20 mètres de longueur et garni de quatre rangs d'espaliers. Pour obtenir cette figure, il faudra supprimer la tige à 30 ou 40 centimètres au-dessus du sol, et tailler sur trois yeux, le supérieur pour prolonger la tige, et les deux immédiatement au-dessous *à droite* et *à gauche* de cette tige, pour obtenir les deux premiers membres horizontaux. Le mode de végétation du cerisier, étant à peu près le même que celui du prunier, on se conformera aux principes expliqués.

Les deux ou trois premières années, on ne prendra, à chaque taille, qu'une branche secondaire sur chaque membre, *en dessous* et à 20 ou 30 centimètres les unes des autres.

Quand l'arbre sera bien enraciné, que sa vigueur sera bien développée, on pourra prendre la même année, deux membres de chaque côté de la tige et toujours à 30 ou 40 centimètres les uns des autres. Il faudra tailler les coursons très-court et pincer très-exactement les bourgeons qui pousseront en avant et tous ceux qui ne seront pas nécessaires

pour la formation des branches. Ces précautions éviteront la nudité des branches
et forceront la séve à se porter ainsi aux
extrémités, afin que la partie supérieure
de la flèche représente le sommet du
triangle allongé et les deux premiers
membres la base. On pincera l'extrémité
de la flèche, toutes les fois qu'elle se
montrera trop dominante.

ARTICLE 1.

Du Cerisier en espalier.

Lorsqu'il s'agira de cultiver des cerisiers en espalier, le long des murs de la
hauteur ordinaire, je conseillerai d'accorder la préférence à la forme queue de
paon en éventail; elle est délicieuse!

La forme pyramidale convient aussi
au cerisier, mais comme il lui faut beaucoup d'air; cette forme est sujette à le
faire dégarnir par la multiplicité de ses
branches. Celle en corbeille m'a beaucoup
mieux réussi et produit un très-joli effet.

La première s'obtiendra à 40 ou 50 centimètres au-dessus du sol, la tige se prolongera et sera pincée au besoin. La deuxième corbeille ne sera prise que deux ans après la première, afin que celle-ci produise des branches secondaires, d'après les principes connus et lui donner plus de développement. La deuxième à 40 ou 50 centimètres au-dessus de la première. L'année suivante la troisième; et enfin, une quatrième en diminuant un peu la distance et le volume des deux dernières.

La tige du cerisier sera supprimée à 1 ou 2 millimètres au-dessus de la dernière branche qui composera la corbeille supérieure, à laquelle il n'existera aucune branche secondaire, afin de la rendre moins volumineuse et plus légère. Les pincements seront faits très-rigoureusement dans les parties supérieures et sur la tige, dans les intervalles des corbeilles. Les bourgeons de l'intérieur et de l'extérieur de chaque corbeille seront pincés d'après leur position respective, de manière à conserver toujours à la première corbeille, la prépondérance que ses deux années de végétation lui ont donnée, avant la naissance de la deuxième corbeille.

ARTICLE 2.

Du Cerisier en plein vent.

Les cerisiers en plein vent à haute tige seront taillés les premières années, afin de les faire ramifier et de diriger leur tête. Il faudra rabattre, *très-court*, les branches fruitières, du dehors et de l'intérieur pour assurer le remplacement ; éviter le développement de branches dans ces parties et procurer une plus grande partie d'air aux parties basses, en même temps qu'on pincera la partie herbacée des bourgeons de prolongement.

CHAPITRE VIII.

Du Poirier.

—

ARTICLE 1.

Poiriers en espalier.

Première forme.

Les poiriers en espalier éventail seront conduits d'après les principes indiqués pour les pêchers. En dehors de chaque branche mère et chaque année, des branches sous-mères à 30 ou 40 centimètres de distance, puis des branches intermédiaires, *entre deux* à 15 ou 20 centimètres les unes des autres et en dessous des branches sous-mères.

Cette explication doit suffire pour faire connaître que tout l'avenir de cette forme en éventail, dépend : 1° de la plantation afin que les yeux qui doivent produire les deux branches mères, soient placés à *droite* et à *gauche* de la tige et à la hauteur de 10 à 15 centimètres; 2° que les premières sous-mères soient prises *en dehors* des branches mères, tandis que l'œil immédiatement au-dessus fournira le prolongement de ces dernières; 3° que l'œil qui produira les branches intermédiaires soit toujours pris *en dessous* des branches sous-mères, de manière à former un angle plus ou moins ouvert.

Tous les bourgeons qui doivent donner naissance à ces différentes branches, seront palissés sur des baguettes et avec le secours des embrasses; afin de leur imprimer, dès leur jeunesse, la direction qu'elles doivent avoir.

Je conseille de ne supprimer à la première année de végétation, que les bourgeons placés au-dessous de la naissance des branches mères; tous les autres seront conservés pour attirer la séve, tout en relevant un peu l'extrémité des deux futures branches mères.

A mesure que l'arbre se formera, on pincera, à deux ou trois feuilles, tous les bourgeons qui ne seront pas nécessaires à la formation de la charpente de l'arbre, et surtout ceux placés en dessus et en avant de toutes les branches. Si cette opération est faite à propos, il est rare que l'œil, placé immédiatement au-dessous du pincement, ne produise pas dans le cours de la végétation un bouton disposé à la fructification.

Les bourgeons en dessous des branches seront pincés les derniers, et, ceux en arrière seront supprimés au besoin. L'intérieur de l'arbre se garnira chaque année au moyen de branches de ramification (*divisées en plusieurs rameaux*) qui seront traitées d'après les principes expliqués.

Les pincements sur le Saint-Germain, Bon-Chrétien et les Colmar se feront toujours à la quatrième ou cinquième feuille au-dessus de leur talon, afin que le bourgeon soit un peu plus dur et ne meure pas, comme cela arrive fréquemment lorsque cette opération se fait à la deuxième feuille, alors que le bourgeon est trop tendre. Ces trois espèces sont aussi très-sujettes à développer les boutons à fruit lorsqu'on les pince trop sévèrement, et tous les bourgeons anticipés qui en proviennent n'ont que des *folioles* sans *pétioles* et sans yeux, par conséquent impropre à toute espèce de reproduction.

L'arbre étant plus avancé en âge, ne devra jamais porter que des coursons et des brindilles qui naîtront à leur couronne. On aura soin d'en diminuer le nombre pour éviter la confusion, et que les coursons imitent toujours la patte d'oie. Si les pincements se font régulièrement, la taille se réduira à fort peu de chose et supprimera quelquefois des boutons, afin de ne pas fatiguer l'arbre par une grande quantité de fruits. En thèse générale, il faut toujours soulager les parties basses de l'arbre et charger, au contraire, les parties élevées qui sont plus disposées à produire du bois que du fruit.

On surveillera avec le plus grand soir les poiriers en espalier ; ils sont sujets à une foule de maladies qui naissent presque toujours sur l'écorce et qui gagnent bientôt après l'épaisseur du bois si l'on n'y porte remède : tel est le *cadran dont la surface représente cette figure*, connu aussi sous le nom *de chancre*. Quelles qu'en soient les causes, il faudra *d'abord inciser* longitudinalement la partie affectée pour provoquer le renouvellement des écorces. Si l'année suivante l'opération n'avait pas réussi et que le mal empirât, il faudrait cerner la partie affectée, l'enlever en coupant franchement l'écorce et couvrir la plaie avec l'onguent Saint-Fiacre. J'ai déjà conseillé cette opération pour le pêcher, j'ai cru devoir la répéter ici, parce que le cadran attaque plus particulièrement les poiriers peu aérés. Je n'entreprendrai pas d'expliquer les raisons qui peuvent occasionner cette maladie; il y en a peut-être dix, et je laisserai volontiers ce soin à plus savant que moi; l'essentiel pour le praticien, c'est de constater sa présence et connaître les moyens de la combattre.

Lorsque les poiriers en espaliers seront infectés d'insectes adhérents à l'écorce, le *tigre* par exemple, il faudra les gratter avec le dos de la lame d'une serpette, les laver avec une dissolution ferrugineuse, sulfate de fer ou vitriol vert concassé, à la dose de 32 grammes *pour chaque seau d'eau*; on agitera l'eau avec un petit bâton jusqu'à la dissolution du sel. Il faudra s'en servir immédiatement à l'aide de la pompe à main ou la transvider dans un arrosoir pour répandre cette dissolution en arrosant la surface de l'arbre; lorsque l'eau deviendra trouble, cette préparation aura perdu son efficacité. Ce remède, aussi simple

que naturel, coûtera à peine 2 centimes
par chaque seau d'eau et pourra être
employé dans toutes les circonstances,
soit pour détruire les insectes, soit pour
faire reverdir le parenchyme des feuilles
de toutes les espèces d'arbres atteints de
chlorose (ou jaunisse), et par suite de
langueur et de dépérissement : il est nécessaire de répéter cette opération deux
ou trois fois à huit jours d'intervalle, de
juin à juillet, sur tous les arbres atteints,
en choisissant un temps sombre et après
la rosée du matin, afin que l'absorption
soit plus facile. Les conseils que je donne
pour l'emploi de ces sels ont été puisés
dans ma propre expérience ou dans
celles qui ont été faites en ma présence par
M. Gris, au Jardin des Plantes et répétées
par moi. Je puis affirmer qu'ils sont l'expression de la vérité en insérant, en tête
de cette méthode, le rapport de la Société d'horticulture de Paris.

Deuxième forme.

C'est encore la tige verticale et les membres horizontaux qui me plaisent le plus pour cette espèce d'arbre en espalier, dont les parties élevées s'emportent au désavantage des parties basses. Comme le but principal de cette forme est de supprimer le cours de la séve, du sens vertical, pour le faire passer dans le sens horizontal, je ne puis m'empêcher de la préconiser, parce qu'elle est essentiellement favorable aux parties basses.

Première taille. — La tige sera supprimée de 15 à 20 centimètres au-dessus du sol sur trois yeux : le supérieur prolongera la tige, et les deux inférieurs, un de chaque côté, formeront les deux membres horizontaux qui seront toujours dirigés à l'aide de baguettes et d'embrasses, ainsi que je l'ai expliqué.

Le bourgeon de la flèche sera pincé à la fin de juillet si la nécessité s'en fait sentir pour favoriser le développement des deux premiers membres; les autres bourgeons seront aussi pincés, selon leur position respective, mais en ménageant le développement du jeune arbre.

La *deuxième taille* sera faite de 20 à 30 centimètres au-dessus de la suppression de la tige, toujours sur trois yeux et d'après les mêmes principes. Tous les membres fourniront chaque année des branches secondaires en dessous, à 15 ou 20 centimètres les unes des autres. Il faudra surveiller attentivement les bourgeons en dessus, en avant et en arrière pour les pincer à propos et supprimer à la taille suivante ceux en arrière. Les opérations du binage, du palissage et toutes les autres du courant de l'été devront se faire régulièrement selon les principes que l'on doit connaître maintenant tout aussi bien que moi.

On diminuera ou on augmentera l'intervalle des membres selon la vigueur des variétés et la qualité plus ou moins bonne de la terre. L'arboriculteur ne perdra pas de vue qu'il n'y a rien d'absolu dans mes conseils ; son intelligence les modifiera suivant les circonstances. Il y a plus ; il serait très-possible que les poiriers dirigés sous cette forme donnassent des résultats, surtout dans les parties supérieures, plus considérables que ceux que j'ai indiqués. De là naîtront nécessairement des modifications toujours basées sur les mêmes principes, qui tendront sans cesse à maintenir les parties élevées, en les pinçant de bonne heure, en reformant quelquefois le prolongement des branches principales sur un rameau placé en dessous, et que l'on aura palissé dans la direction de la branche pendant la végétation qui précédera la taille.

ARTICLE 2.

Poiriers en pyramide.

Le jeune sujet, planté en automne et réunissant toutes les conditions expliquées page 44, sera traité, à l'époque de la taille, de la manière suivante :

Première taille. — La tigelle sera supprimée de 20 à 30 centimètres au-dessus du sol; l'œil le plus élevé sera opposé à la greffe, afin de prolonger la tige le plus perpendiculairement possible : les yeux immédiatement au-dessous, au nombre de cinq ou six, développeront une première série de branches. On supprimera à la serpette les yeux du bas de la jeune tige, afin que cette première série soit assez élevée, et que l'air puisse la faire végéter facilement. On donnera un tuteur à la tige pour la redresser au besoin, à l'aide d'un osier et de vieux bouchons pour préserver les écorces, le bourgeon terminal sera dirigé avec une embrasse, et attaché au tuteur à mesure de sa croissance, en ménageant son tégument. Les autres bourgeons nécessaires à la première série de branches, seront l'objet de soins particuliers pour leur imprimer, dès le commencement de leur naissance, une bonne direction ; *mais sans faire aucune suppression dans le courant de cette végétation.* Pourquoi martyriser, dès sa première année, un être créé pour nos jouissances, nos besoins? Protégeons sa croissance par tous les moyens que nous connaissons ; en pratiquant une petite incision horizontale au-dessus d'un bourgeon paresseux, dont le développement serait nécessaire à la régularité de cette disposition pyramidale. Tous les autres détails seront les mêmes que ceux déjà expliqués. Arrivé à la fin de septembre on cassera, à deux ou trois feuilles au-dessus de leurs talons, tous les rameaux qui ne seraient pas nécessaires à la forme de la pyramide ; afin d'éviter la confusion, que les branches de la première série aient la place convenable pour leur accroissement en grosseur, et que les rameaux cassés prennent un commencement de fructification, en les laissant à l'état de courson l'année suivante : J'ai acquis la certitude que ce cassement tartif ne nuisait en aucune manière à la santé du jeune arbre, que les coursons ne développaient pas au printemps suivant, et produisaient du fruit la deuxième ou troisième année de leur naissance. Ainsi traitées, les pyramides *sur franc* donneront des fruits aussitôt , et plus longtemps que les espèces greffées sur coignassier.

Deuxième taille. — Cette taille s'exécutera suivant la force des rameaux et la constitution des yeux. Si la variété du sujet est peu vigoureuse, on pourra prendre à cette taille et à celle de l'année suivante une branche secondaire de chaque côté des branches principales, en se conformant à ce qui a été expliqué pour les autres espèces d'arbres en vase. On agira prudemment en taillant cette première série au quart de la longueur des rameaux. La flèche sera taillée à peu près à moitié de sa longueur sur un œil de prolongement, opposé à celui de l'année dernière ; il en sera de même à toutes les autres tailles, en opposant toujours ces yeux de prolongement de la flèche les uns aux autres, afin d'obtenir une perpendicularité aussi régulière que possible; les yeux au-dessous du terminal fourniront une deuxième série de branches, si l'arbre a suffisamment poussé l'année dernière; dans le cas contraire il faudra la différer jusqu'à l'année prochaine.

On pincera à bonne heure les bourgeons qui seront dans le voisinage de ceux de prolongement, et particulièrement au-dessus et au-dessous de chaque branche principale; afin qu'aucune branche secondaire ne puisse se développer sur ces parties supérieures et inférieures.

Toutes les opérations du prolongement, et autres soins du courant de l'été, se feront régulièrement. La deuxième série de branches sera traitée de la même manière que la première, et le bourgeon qui prolongera la flèche sera attaché au fur et à mesure de sa croissance, avec les précautions indiquées.

Troisième taille. — Les branches de la première série seront taillées suivant leur vigueur pour obtenir une régularité relative; les branches principales fourniront la deuxième branche secondaire, si l'année dernière a produit la première. Les rameaux de la deuxième série de branches seront taillés sur un œil en dessous, sans bifurcation ou sans branches secondaires. Le rameau de la tige sera taillé pour produire une troisième série de branches et le prolongement de la flèche. Les pincements successifs se commenceront par les parties supérieures pour favoriser les parties inférieures. Si un bourgeon de prolongement venait à manquer, soit par accident ou par le fait d'un insecte, il faudrait le remplacer par celui qui serait *le plus rapproché de l'extrémité;* on l'attachera, au moyen de l'embrasse, le long de l'onglet, afin de lui faire prendre la direction de cette

branche : A la taille suivante, on supprimera l'onglet jusqu'à la naissance de
ce rameau, qui formera le prolongement
de la branche.

Quatrième taille. — La pyramide étant
mieux enracinée, on pourra supprimer
le tuteur du bas de la tige; il suffira d'attacher une simple baguette le long de la
dernière taille, de manière que l'extrémité supérieure de cette baguette serve à
diriger le bourgeon qui prolongera la
flèche. Les opérations se multiplieront,
mais seront toujours exécutées d'après
les mêmes principes. On pincera d'abord
les bourgeons des séries supérieures, et
principalement ceux du dessus et du dessous de chaque branche; rien ne choque
plus la vue que les branches secondaires
qu'on laisse pousser dans ces parties;
elles ont aussi l'inconvénient de faire an-
nuler les coursons par suite du manque
d'air et de lumière, dont les influences
sont très-nécessaires à la beauté et à la
qualité des quelques fruits que la pyra-

Figure 12

mide produira à cet âge, si elle a été bien traitée.

A la cinquième taille, il faudra pincer seulement les deux bourgeons qui seront à droite et à gauche des bourgeons terminaux de la série supérieure, laisser pousser librement tous les autres de cette même série, et les casser ensuite à la fin de juillet. Cette opération assurera la production en fruits des parties basses de la pyramide, en se conformant aux principes ci-après pour le poirier en *vase*.

J'aurais encore beaucoup d'explications à donner pour former une belle pyramide (*fig.* 12), mais l'arboriculteur doit être suffisamment éclairé pour m'éviter des redites, et je compte sur son intelligence et sur l'amour de son état pour y suppléer.

ARTICLE 3.

Poiriers en vase.

Première taille. — On supprimera la tige selon la position des yeux et suivant

la hauteur qu'on voudra lui donner.
L'important est de faire développer trois
ou quatre bourgeons, autant que possible à la même hauteur, pour donner
naissance à la base du vase, en se conformant à tous les conseils que j'ai donnés
pour le pêcher dirigé sous cette forme.

Je conseille de former aussi des poiriers en vase sur quatre branches principales, parce qu'elles fournissent des
bourgeons et des rameaux moins longs
que ceux du pêcher.

Mais, dira-t-on, comment faire pour
trouver une tige pourvue de quatre yeux,
presque à la même hauteur, *et opposés
les uns aux autres?* C'est assez difficile!
Mon Dieu, je répondrai tout bonnement
que nous sommes praticiens; que l'arbre
est soumis à notre volonté, et qu'il faut
faire naître des yeux *où il n'en existe pas*,
afin de justifier notre qualité de maître
(selon que les arbres seront cultivés ou
négligés ils rabaissent ou élèvent l'arboriculteur).

Quand on aura reconnu l'*impossibilité* d'asseoir la coupe sur quatre yeux favorables à la combinaison, il faudra tailler *sur l'œil qui sera au-dessus et du même côté que celui qui fera défaut.* Le bourgeon qui naîtra ainsi *au-dessus des autres* sera surveillé et palissé. Arrivé à la fin de juin, alors que ce bourgeon sera suffisamment développé, *à sa base ligneuse*, pour ne pas le rompre, on le courbera bien doucement en dehors pour lui faire décrire un cercle en le ramenant le long de la tige *au point* où il sera nécessaire de le greffer, sa partie herbacée dépassant ce point de deux ou trois feuilles.

On lui rendra la liberté, puis on fera, sur la partie de la tige où il devra être fixé, une incision horizontale jusqu'à l'aubier, et une deuxième partant de la première et allant en descendant à 2 c. pour représenter la figure d'un T allongé. On écartera avec la spatule de l'écussonnoir les écorces des deux incisions, puis on représentera le bourgeon à la place où il doit être greffé en enlevant l'écorce de *la partie* de ce bourgeon, de manière qu'elle puisse s'ajuster et se souder sur l'aubier de la tige en l'introduisant entre les deux lèvres de la plaie. La partie supérieure du bourgeon dépassera l'incision horizontale et sera maintenue dans cette position au moyen d'une ligature qui partira du centre du bourgeon et qui aboutira à la tige.

On rapprochera avec les pouces les écorces des incisions sur la partie du bourgeon qui doit se greffer ; on enveloppera cette opération avec une petite pièce en laine de deux ou trois épaisseurs, afin que les écorces de la tige et du bourgeon ne soient point étranglées par la ligature qui maintiendra le tout, sans nuire à la reprise de la greffe. J'ai employé ce moyen au mois de juin dernier ; le 11 août suivant, messieurs les commissaires qui ont visité ma plantation ont remarqué que cette greffe était parfaitement soudée, et qu'elle égalait en hauteur les trois autres bourgeons.

Au printemps de 1848, je taillerai le rameau de cette greffe, comme les trois autres. Au mois d'août, je sèvrerai la branche greffée par son extrémité inférieure; la partie qui se trouvera au-dessous de la greffe (à 3 c. de longueur) sera taillée en biseau très-allongé, afin qu'il ne reste plus qu'une portion d'écorce qui sera appliquée immédiatement sur l'aubier de la tige au moyen d'une nouvelle incision et d'une nouvelle ligature qui entourera le tout.

J'espère qu'à l'époque de la taille de 1849, cette branche se trouvera dans le même état que celles qui ont pris naissance naturellement, et que je pourrai supprimer la partie de la tige qui dépasse la naissance des quatre branches.

La deuxième taille sera proportionnée à l'écartement du vase, afin de faire développer les premières branches secondaires de 10 à 20 c. au-dessus de la tige, et toutes du même côté, soit à droite, soit à gauche des branches principales, dont le prolongement se poursuivra chaque année au moyen de l'œil terminal et du pincement.

A la troisième taille, les branches secondaires seront prises de 20 à 30 c. au-dessus des premières et du côté opposé, ainsi de suite, d'année en année, de manière que toutes les branches impaires soient du même côté, et les branches paires du côté opposé, pour arriver à une régularité qui est un mérite particulier à ces sortes de formes.

Les pincements seront faits à propos, principalement à l'intérieur et à l'extérieur du vase, et surtout dans le voisinage des bourgeons qui devront prolonger les branches principales et qui seront pincés eux-mêmes, à la fin d'août, toutes les fois qu'ils menaceraient de détruire l'équilibre de végétation. Toutes les opérations du courant de l'année se pratiqueront d'après les principes exposés.

Les poiriers conduits sous cette forme (*fig.* 13), étant très-aérés, pousseront

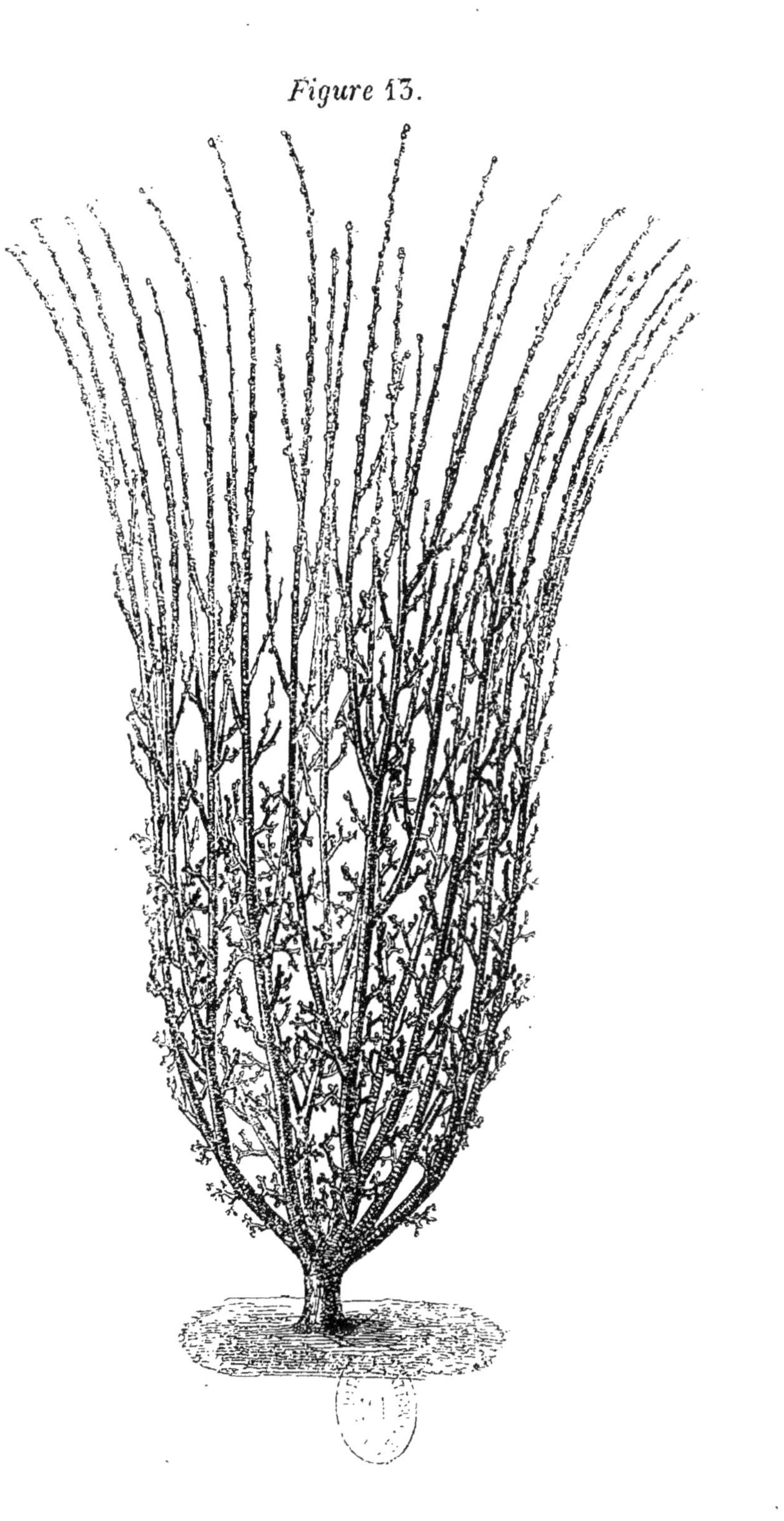

Figure 13.

vigoureusement ; cependant je conseille de ne pas se montrer trop sévère sur les parties élevées, et de pincer, au contraire, les parties basses pour les disposer à la fructification.

Un de mes voisins n'a jamais voulu se rendre à mes conseils, et pinçait très-régulièrement les bourgeons les plus élevés de ses beaux vases : c'était une très-grande faute, parce que cette opération avait l'inconvénient de refouler la séve vers les racines, d'altérer la santé des arbres, et de faire développer tous les dards, les brindilles, et tous les boutons qui se disposaient à produire des fruits l'année suivante; aussi la récolte chez lui était bientôt faite!

A l'article *Taille*, j'ai annoncé que j'aurais à expliquer des moyens en faveur des arbres *trop vigoureux, qui se mettent difficilement à fruit;* eh bien! les poiriers en vase sont placés dans cette catégorie, et voici comment on pourra les mettre à fruit sans nuire à leur santé : les bourgeons qui ne devront pas concourir à la formation de l'arbre seront pincés chaque année, afin de les disposer à la fructification. Ces principes sont excellents les trois ou quatre premières années ; mais plus tard, lorsque l'arbre est mieux enraciné, ils ne valent plus rien, ils sont même dangereux.

Après la quatrième année, il faudra laisser pousser librement les bourgeons du haut que chaque taille fera développer. A la fin de juillet, on les cassera de deux à trois feuilles au-dessus de leur naissance, en posant le tranchant de la serpette au point de l'opération, le pouce en dessous, afin qu'en renversant le poignet sur la serpette le cassement ait lieu.

Depuis 1836 que je pratique l'arboriculture *plus spécialement*, j'ai pu me rendre compte des effets du cassement de la manière suivante : à la fin de juillet, la séve élaborée, en refluant vers les racines, nourrit particulièrement les différentes parties de l'arbre ; le cassement ne peut altérer la santé du sujet, par la raison qu'il s'opère au moment où la séve descend. La suppression d'une certaine quantité de bourgeons fait passer, au profit des autres, la portion de séve qui leur était destinée.

La séve d'août se trouve attirée plus particulièrement par les yeux qui terminent les bourgeons supérieurs. Or, les parties inférieures qui ont été pincées, ne recevant pas une assez grande quantité de cette seconde séve pour provoquer leur développement, produiront des fruits l'année suivante. Les bourgeons supérieurs qui ont été cassés recevront une somme assez considérable de cette même séve, non-seulement pour leur nourriture ordinaire, mais aussi pour en disposer quelques-uns à la fructification : ce résultat n'est nullement imaginaire, car il m'est arrivé très-souvent.

En résumé, on aura laissé épuiser la trop grande vigueur de l'arbre dans le développement des bourgeons supérieurs. Leur suppression, à la fin de juillet, ne causera aucune perturbation, assurera la fructification des parties basses au lieu de la détruire, quand cette suppression a lieu dans la force de la végétation, et *sur les arbres trop vigoureux*.

ARTICLE 4.

Poiriers en couronne.

L'honorable commission de la Société d'horticulture de Paris ayant approuvé cette forme, il me reste peu de chose à ajouter à l'explication claire et précise de son rapporteur, pour en détailler tous les principes. (*Voyez* le rapport qui se trouve en tête de cette méthode.)

Cette forme, très-jolie, est favorable à la santé de l'arbre, à la beauté et à la qualité du fruit, parce qu'une somme d'air et de soleil alimente également les couronnes, qui sont toutes disposées au-dessus et presqu'à égale distance les unes des autres.

Première taille. — Les jeunes poiriers plantés l'automne dernier, dont la greffe ne présentera qu'une tigelle âgée d'un an à l'époque de la taille, seront très-favorables à cette disposition en couronnes. On supprimera la tigelle de 20 à 30 centimètres au-dessus du sol : l'œil qui produira le prolongement de la flèche sera opposé à la greffe. Ceux qui seront immédiatement au-dessous de ce terminal formeront la première couronne. Le nombre en sera calculé suivant la vigueur de la variété, de manière à pouvoir prendre, chaque année et de chaque côté des branches principales, une branche secondaire. On supprimera les yeux du bas, ainsi que je l'ai expliqué pour la pyramide, afin que cette première couronne soit assez élevée au-dessus du sol. La flèche et les autres bourgeons seront protégés selon les principes déjà expliqués. On ne fera de suppression qu'à la fin de septembre, et après avoir désigné ceux des rameaux qui seront utiles pour la formation de la première couronne, ou première série de branches.

Deuxième taille. — Tous les rameaux seront taillés très-court, et fourniront, du même côté et à la même hauteur, une branche secondaire. Le rameau supérieur produira le prolongement de la flèche, toujours en opposition avec le prolongement de l'année précédente, afin que la tige s'élève le plus perpendiculairement possible; les yeux les plus rapprochés du terminal de la flèche feront développer une deuxième couronne, de 10 à 20 centimètres au-dessus de la première.

Les branches qui composeront cette deuxième couronne se trouveront régulièrement placées au-dessus et dans chaque intervalle formé par les branches de la première couronne.

Si le rameau qui constitue la flèche ne s'était pas suffisamment allongé l'année précédente, pour obtenir cette année une deuxième couronne à la hauteur nécessaire, il ne faudrait nullement s'en contrarier : à quelque chose malheur est bon ; car la première couronne poussera d'autant plus vigoureusement, qu'on devra laisser la flèche entière, afin de pouvoir pincer son extrémité herbacée à la fin de juillet et faire passer une plus grande quantité de séve en faveur de cette première couronne, qui s'en trouvera fort bien, en même temps que cette opération *aoûtera* les yeux, qui fourniront l'année suivante la deuxième couronne si elle a été différée cette année.

Les pincements dans le voisinage des bourgeons terminaux, principalement ceux en dessus et en dessous de chaque branche, seront faits à propos. Si la deuxième couronne a pu être obtenue à cette taille, il faudra pincer, à deux ou trois feuilles, tous les bourgeons de la tige qui se trouveront dans l'intervalle d'une couronne à l'autre, de manière que chaque couronne soit détachée. Tous les autres détails n'étant plus qu'un amusement sont laissés à l'appréciation et au zèle de l'arboriculteur.

Troisième taille. — Le quatrième printemps du jeune poirier étant arrivé, il faudra inspecter toutes ses parties, pour se rendre compte de leurs progrès et asseoir la taille en conséquence. Je conseille de ne pas se presser pour l'obtention des couronnes; l'essentiel est d'établir la première d'une manière durable, par la raison que la séve tend toujours à s'élever, que les couronnes supérieures ne manqueront jamais, et qu'il sera presque impossible de fixer la plus grande partie de cette séve vers le bas de l'arbre lorsqu'elle aura pris son essor vers les parties élevées. Cependant j'ai la confiance qu'on parviendra à s'en rendre maître en me suivant jusqu'à la fin de mes explications.

En supposant que le résultat de l'inspection soit favorable à l'obtention d'une troisième couronne, on procédera de la manière suivante : les branches de la

première couronne seront taillées pour
que leur prolongement soit fourni par un
œil *du dessus ou du dessous* de la branche,
selon les circonstances, afin d'obtenir sur
chacune d'elles une deuxième branche
secondaire de 10 à 20 centimètres au-
dessus de la première et du côté opposé.
Si les coursons ont poussé des bourgeons
l'année dernière, et que l'on ait oublié de
les pincer, il faudra les tailler sur le premier œil de cette pousse, et ne plus les
oublier à l'avenir, parce qu'un bourgeon
bien opéré dès la première année de sa
naissance doit donner du fruit deux ans
après, en produire ensuite chaque année
par la formation successive de nouveaux
boutons, et ne s'allonger que de 6 à
10 centimètres dans l'espace de dix ans :
mes pincements de 1837 sont dans cet
état en 1847.

Les rameaux de la deuxième couronne
seront taillés pour provoquer le prolongement des branches principales, et sur
chacune d'elles une première branche se-

condaire, un peu rapprochée de la tige, afin que la circonférence de la deuxième couronne soit toujours moins grande que celle de la première : ainsi de suite des autres. On terminera cette forme par une flèche, afin que toutes ses parties jouissent de l'air dans le sens vertical et horizontal.

On taillera la tige pour que l'œil qui prolongera la flèche soit opposé à celui de l'année dernière, et que la troisième couronne soit de 10 à 15 centimètres au-dessus de la deuxième (*fig.* 14). Les prévoyances et les autres soins seront les mêmes que ceux des années précédentes.

Les pincements des première et deuxième couronnes seront faits régulièrement; les bourgeons qui donneront naissance à la troisième couronne seront choisis de manière que chaque branche de cette couronne se trouve située au-dessus et dans les intervalles des branches de la deuxième, et correspondant perpendiculairement avec celles de la première. On pincera encore cette an-

Figure 14.

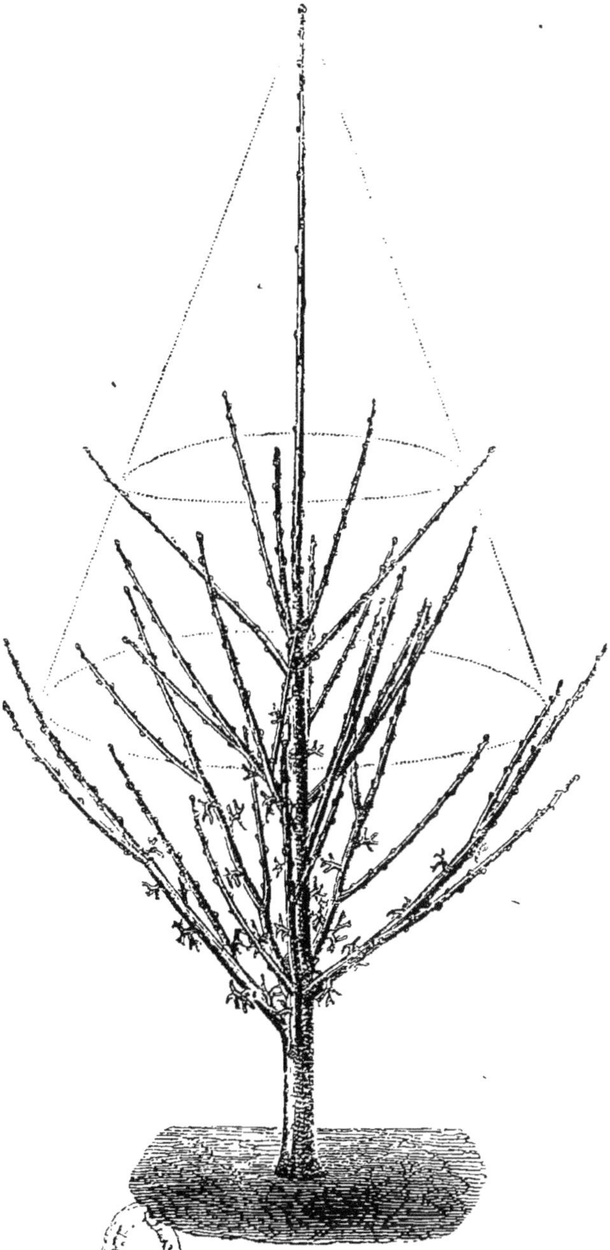

née les bourgeons de la tige entre les deuxième et troisième couronnes, et les autres opérations seront faites comme à l'ordinaire.

Quatrième taille. — On pourra prendre cette année une troisième branche secondaire sur les branches principales de la première couronne, puis l'année d'ensuite une quatrième, afin d'obtenir une régularité relative. Je répéterai sans cesse que ces conseils n'ont rien d'absolu, qu'ils sont subordonnés à la vigueur de l'arbre, à l'emplacement et à la volonté de l'arboriculteur. Les branches de la deuxième couronne seront taillées pour faire développer sur chacune d'elles une seconde branche secondaire. Les rameaux de là troisième couronne fourniront une première branche secondaire.

La flèche se prolongera tout en donnant naissance à une quatrième couronne, de manière que ses branches soient placées dans l'intervalle de celles de la troisième, et correspondent avec celles de la deuxième. Cet ordre sera observé pour toutes les autres couronnes, et justifiera la dénomination de *pair et impair* que lui a donnée le rapport placé en tête de cette Méthode.

La circonférence de la troisième couronne sera moins étendue que celle de la deuxième; celle de la quatrième moins que pour la troisième, et ainsi de suite de toutes les autres, quel qu'en soit le nombre. Cette forme se terminera par une *flèche*.

Les opérations des années suivantes seront faites d'après les principes expliqués; les parties supérieures de la tige amuseront la séve pendant la force de la végétation, et ne seront cassées qu'à la fin de juillet afin d'assurer la fructification des parties inférieures de l'arbre.

Pour procurer à cette disposition en couronnes une somme suffisante d'air et de lumière dans le sens vertical, on ne prendra *au plus* que quatre branches secondaires sur les branches principales de la première couronne, deux *seulement* sur

les branches principales de la deuxième
et de la troisième, et aucune sur les branches des couronnes supérieures. Le nombre des branches secondaires sera moindre pour les variétés peu vigoureuses.

ARTICLE 5.

Poiriers en forme spirale.

J'ai puisé les principes de cette forme
en spirale dans les *Éléments de physiologie végétale* de M. Achille Richard.

En 1813, j'ai commencé mes faibles
études d'élève chirurgien avec le Traité
de physiologie de son savant père, mort
en 1821 ; j'ai continué d'étudier, avec
une sorte de religion, les œuvres du fils
par le double motif des applications que
j'en pouvais faire en arboriculture, et
que, dès la troisième édition, j'appre-
nais que ce célèbre botaniste avait fait
ses premières excursions scientifiques
dans le comté de Nice, qui me rappelle
les premières années de ma vie militaire.

Ce qui m'a surtout charmé dans ce pays, c'est la fertilité des arbres de la côte de Villefranche, les plantations des superbes orangers en plein verger, et les délicieux espaliers citronniers de Nice; la végétation extraordinaire des oliviers de l'embouchure du Var, dont les cimes égalaient celles des chênes de nos forêts, enfin l'admirable palmier d'Antibes.

Je ne puis donner que des détails incomplets sur cette forme en spirale, que je ne possède en ce moment qu'avec l'espoir de la mener à bien sur des sujets plantés en 1846, et qui n'ont supporté qu'une deuxième taille (*fig.* 15).

On comprendra facilement qu'il était impossible de rabattre assez court des anciennes *quenouilles* que j'ai trouvées ici, pour leur faire développer des bourgeons au travers des écorces plus ou moins dures, qui n'offraient à la vue que des nudités bien regrettables, jusqu'à la hauteur de plus de 1 mètre au-dessus du sol. C'est avec une tigelle d'une année de

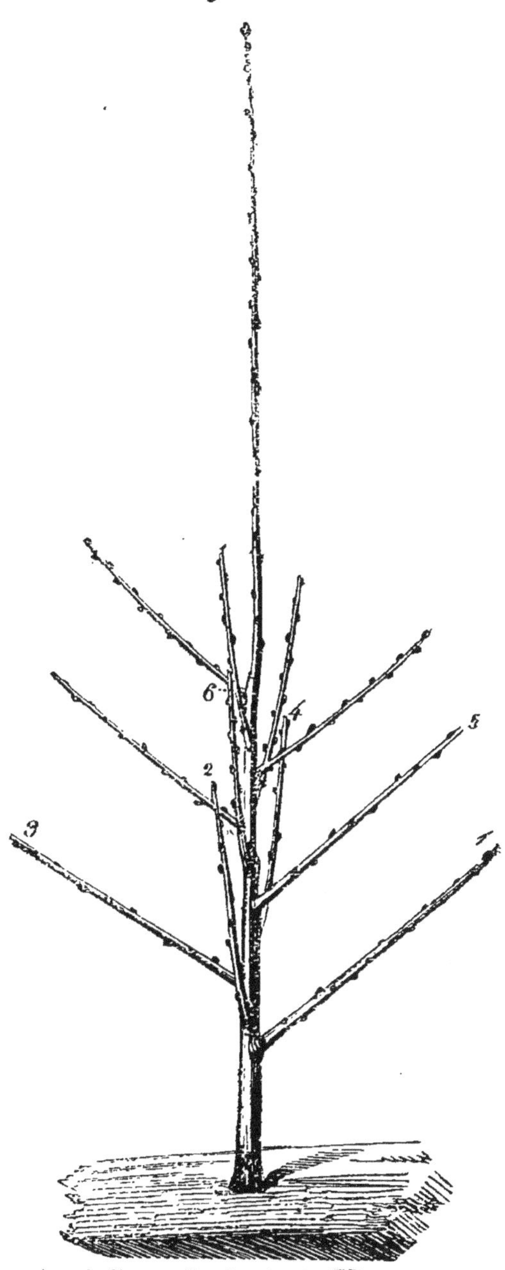

Le numéros indiquent l'ordre des branches selon la forme
en spirale.

greffe que l'on pourra mettre en pratique les principes que je vais expliquer, et qui sont tellement en rapport avec l'ordre naturel des yeux d'une tige de poirier, que j'ose me flatter que le succès n'en sera point douteux ; cependant, je suis tout à fait de l'avis de mon honorable collègue M. Boussière, qui a dit que « cette forme sera moins avanta- » geuse que la disposition en couronnes, » et plus difficile à obtenir ; » mais, lorsqu'on a une certaine quantité d'arbres d'une même espèce, il faut savoir en varier la forme afin d'étudier les ressources de la nature en suivant le progrès qui semble naître autour de nous, et que nous attendons depuis longtemps.

Les personnes qui n'ont pas le goût de l'arboriculture trouvent qu'il y a de la monotonie attachée à la figure uniforme des arbres d'un jardin fruitier. Si mes variétés de forme pouvaient attirer en faveur de notre art quelques indifférents, ce serait toujours autant de gagné ; nous sommes éminemment enthousiastes, et l'enthousiasme est la seule manière de sentir et de juger les arts avec la saine raison que commande l'importance du sujet.

Première taille. — Le moment de tailler la jeune tige, âgée d'un an, étant arrivé, il faudra la supprimer de 20 à 30 centimètres au-dessus du sol, toujours sur un œil opposé à la greffe, afin de prolonger la tige aussi perpendiculairement que possible. Le deuxième œil, qui correspondra exactement *au-dessous* du terminal, complétera deux fois le tour de la tige, et servira en même temps de point de départ pour continuer cette forme.

Les autres yeux, au-dessous du point de départ, seront supprimés. Les yeux qui constitueront les deux tours de tige seront au nombre de six, et produiront autant de branches qui tourneront en spirale (*en forme d'une vis*) autour de la tige. Les soins à donner au bourgeon qui prolongera la flèche, et à ceux destinés à former les branches de la spirale, seront les mêmes que ceux que l'on connaît déjà.

Deuxième taille. — Tous les rameaux qui donneront naissance aux branches seront taillés selon leur vigueur, sur un œil du dehors et sans branches secondaires. On se rappellera les principes fondamentaux, qui exigent que les branches du bas de tous les arbres soient toujours plus longues, et que les autres soient plus courtes à mesure qu'elles s'élèvent d'avantage, afin de ne pas priver les branches inférieures des éléments propres à leur végétation.

Le rameau du prolongement de la tige sera taillé de 20 à 30 centimètres au-dessus de sa naissance. J'ai trouvé, sur plusieurs de mes poiriers, que cette hauteur de 20 à 30 centimètres aboutissait au tiers de la longueur du rameau de la flèche; c'est une délicieuse taille pour de jeunes sujets et qui permettra, en outre, d'obtenir deux nouveaux tours de spirale ou *spire*. Il faudra augmenter, ou diminuer cette taille d'un œil suivant la circonstance, car l'essentiel sera toujours d'opposer l'œil qui devra prolonger la flèche à celui qui a servi à prolonger la tige l'année précédente; sans cette précaution, on n'aurait qu'une figure inclinée qui produirait un très-vilain effet.

Les pincements, en dedans et en dehors des branches, seront faits exactement. Quant à ceux des côtés, je conseille de prendre des branches secondaires si la variété du sujet produit ses rameaux écartés de la tige ; si, au contraire, les branches poussaient presque verticalement, il faudrait tailler toujours sur un œil du dehors et les laisser *unitaires*, sans branches secondaires, afin de procurer de l'air et de la lumière à cette forme en spirale. Les branches principales se trouveront exactement placées, sur les lignes circulaires que formeront les deux tours de spire; tous les bourgeons qui développeraient en dehors de chaque ligne circulaire et au talon des branches principales, seront pincés et convertis en coursons.

Toutes les autres tailles s'exécuteront d'après les mêmes principes, qui sont fort simples; la plus grande difficulté, pour obtenir cette forme avec une régularité parfaite, c'est de savoir se rendre maître du cours de la séve et de la répartir avec précision, afin d'équilibrer toutes les parties de la spirale. Je suis forcé de limiter mes explications à la deuxième taille, parce que les sujets que j'ai soumis à cette forme en spirale ne sont âgés que de deux ans, que je ne l'ai jamais appliquée à Presles, et que j'ai pour habitude de ne parler que des formes d'arbres que je connais particulièrement ou que j'ai exécutées moi-même.

ARTICLE 6.

Poiriers à cinq faces.

Première taille. — Pour obtenir cette forme, on supprimera la tige du jeune sujet, d'après les principes expliqués pour les autres arbres en plein vent, de 20 à 40 centimètres au-dessus du sol.

La tige sera maintenue par un tuteur au sommet duquel cinq fils de fer seront fixés et abaissés dans la direction des yeux de la tige; en aboutissant à des crochets en bois, que l'on enfoncera dans le sol, à la distance nécessaire de la base de la tige et en suivant cinq directions différentes à angles plus ou moins ouverts.

Parmi les bourgeons qui développeront au-dessous de celui qui prolongera la flèche, on en désignera cinq qui correspondront aux fils de fer et qui seront conduits à l'aide de petites baguettes partant de la tige et aboutissant aux fils de fer sur lesquels elles seront attachées

en les relevant suffisamment par cette extrémité. A la fin de septembre on cassera,
à deux ou trois feuilles au-dessus de leur
naissance, tous les rameaux qui ne seront pas nécessaires à la formation des
cinq faces de cette figure.

Deuxième taille. — Le rameau du prolongement de la tige sera taillé pour
fournir une deuxième série de branches
au-dessus des premières et dans la direction *des fils de fer*. L'œil supérieur qui
prolongera la flèche sera *toujours* opposé au prolongement de l'année précédente, afin d'obtenir une perpendicularité régulière au moyen d'une embrasse.

Les rameaux de la première série seront taillés sur un œil terminal en dessus ;
l'œil immédiatement après pourra fournir une branche secondaire *en dessous*,
si la variété est vigoureuse ; dans le cas
contraire, les branches seront sans bifurcations. On dirigera de la même manière
les cinq bourgeons de la tige qui donneront naissance à la deuxième série de

branches, *au-dessus et dans la même direction que les premières*. Tous les autres bourgeons seront pincés dès le commencement de mai : on pincera également les bourgeons de la première série, mais avec cette différence, que ceux des côtés (ou *latéraux*) seront opérés à la deuxième feuille, tandis que ceux en dessus et en dessous des branches ne le seront qu'à la quatrième, afin de les protéger contre la mauvaise condition que leur impose la disposition des branches ainsi superposées : j'expliquerai mon opinion sur cette forme à la fin de cet article.

Troisième taille. —Les branches inférieures seront traitées comme l'année dernière; si l'on a obtenu une première branche secondaire, il faudra asseoir la taille de manière a en obtenir une deuxième cette année et toujours *en dessous*, à 15 ou 20 centimètres de la naissance de la précédente; l'année suivante, on en prendra une troisième s'il y a nécessité.

Les rameaux de la deuxième série de branches seront taillés sur un œil, en dessus ou en dessous, selon leur disposition plus ou moins relevée, mais ne porteront jamais de branches secondaires; il en sera de même de toutes les branches supérieures, qui seront d'autant moins longues qu'elles se rapprocheront davantage du sommet de l'arbre, quelle que soit sa hautenr.

Le rameau de prolongement de la tige sera taillé pour prolonger la flèche et faire développer une troisième série de branches, toujours superposées aux autres et dans leur même direction.

Les bourgeons latéraux seront pincés les premiers, afin que le vide qui existera entre deux branches à partir de la tige aux fils de fer, forme un angle plus ou moins ouvert : à mesure que les branches s'allongeront davantage, on éloignera les crochets et par conséquent les fils de fer.

Lorsque les branches auront atteint

une certaine longueur, il faudra les soutenir, vers leur milieu, au moyen d'une gaule plantée en terre et qui sera maintenue avec le secours de chaque fil de fer : tout en suivant leur progression, toutes les autres opérations à venir seront exécutées d'après les principes des autres formes.

Il y avait un mois que j'habitais Paris, lorsqu'on m'a fait l'honneur de me désigner pour faire partie d'une commission qui devait suivre les expériences de M. Eusèbe Gris à l'École de botanique du Jardin des Plantes. A l'issue de la séance du 18 juin 1847, notre honorable collègue M. Pépin, chef de cette école botanique, nous proposa de passer au jardin fruitier, pour examiner deux poiriers dressés sous cette forme à cinq faces que je n'avais jamais vue et qu'il eut l'obligeance de m'expliquer en chemin. Mon objection a été que je croyais que cette disposition de branches superposées et très-rapprochées devait nuire à la végétation des bourgeons supérieurs et inférieurs parce qu'ils devaient être peu aérés, et qu'une grande quantité de séve devait, au contraire, passer dans les bourgeons latéraux qui recevaient une grande quantité d'air. M. Pépin m'a répondu : Vous pouvez avoir raison ; nous allons vérifier ce fait. Arrivé devant les sujets, nous avons constaté que beaucoup de bourgeons qui avaient été pincés en dessus et en dessous des branches s'étaient annulés, tandis que ceux placés sur les côtés, et qui avaient subi la même opération, avaient développé des bourgeons anticipés.

A la séance du 17 juillet, la Société m'a désigné pour faire un rapport sur cette nouvelle forme à donner aux arbres fruitiers. Je la trouvais très-jolie, mais peu favorable à la production du fruit et très-difficile à diriger pour beaucoup de jardiniers. J'ai dû décliner l'honneur d'en rendre compte pour ne pas désobliger ceux de mes collègues qui croyaient l'avoir imaginée. Enfin , déférant à l'invitation de notre très-honorable président , je me suis acquitté de ce devoir, et mon rapport se trouve inséré dans nos Annales du mois de septembre.

Si je livre ces détails aujourd'hui , c'est que M. Heumann, chef des serres chaudes au Jardin des Plantes et l'un de nos honorables collègues dont les connaissances sont justement appréciées, m'a dit, à la séance du 6 octobre, que cette forme n'était pas nouvelle , qu'elle avait été appliquée à beaucoup d'arbres, et que son origine remontait aux *calendes* romaines. J'ai disposé deux jeunes poiriers de ma plantation du mois de novembre à recevoir l'application de cette forme, qui nécessite les plus grandes précautions pour faire prospérer également toutes les parties d'un arbre et les amener à la fructification, qui est le but de tout arboriculteur et la récompense de son travail.

CHAPITRE IX.

Du Pommier.

—

Les conseils que je vais donner ne s'appliquent qu'aux pommiers greffés *sur franc* et *sur doucin*. J'éprouve peu de goût pour les pommiers sur paradis.

La plupart des formes indiquées pour les poiriers conviennent également aux pommiers ; le mode de végétation est absolument le même, excepté les calvilles, qui contrarient très-souvent la combinaison de l'arboriculteur.

ARTICLE 1.

Du Pommier en espalier.

Les variétés de reinette poussent vigoureusement, se prêtent à toutes les directions qu'on veut leur donner et à toutes les opérations qu'il est nécessaire de leur faire subir. Les reinettes du Canada, d'Angleterre et de Hollande sont très-favorables pour produire de beaux espaliers en éventail et de beaux vases selon les formes que j'ai indiquées pour le pêcher.

ARTICLE 2.

Du Pommier en contre-espalier.

J'ai élevé un pommier, gros rambour d'été en contre-espalier (*fig.* 16) qui est âgé de dix ans et qui se compose de 2 branches mères ouvertes à 35°, de 8 branches inférieures de chaque côté et de 16 branches supérieures garnissant l'intérieur de l'arbre; en tout 36 branches formant un carré plein de 2 m. 66 cent. de hauteur sur 5 m. 33 cent. de longueur. La tige a été rabattue à 10 centimètres de hauteur; la première sous-mère, de chaque côté, est pourvue de trois branches secondaires; la deuxième sous-mère n'en a que deux,

Figure 16.

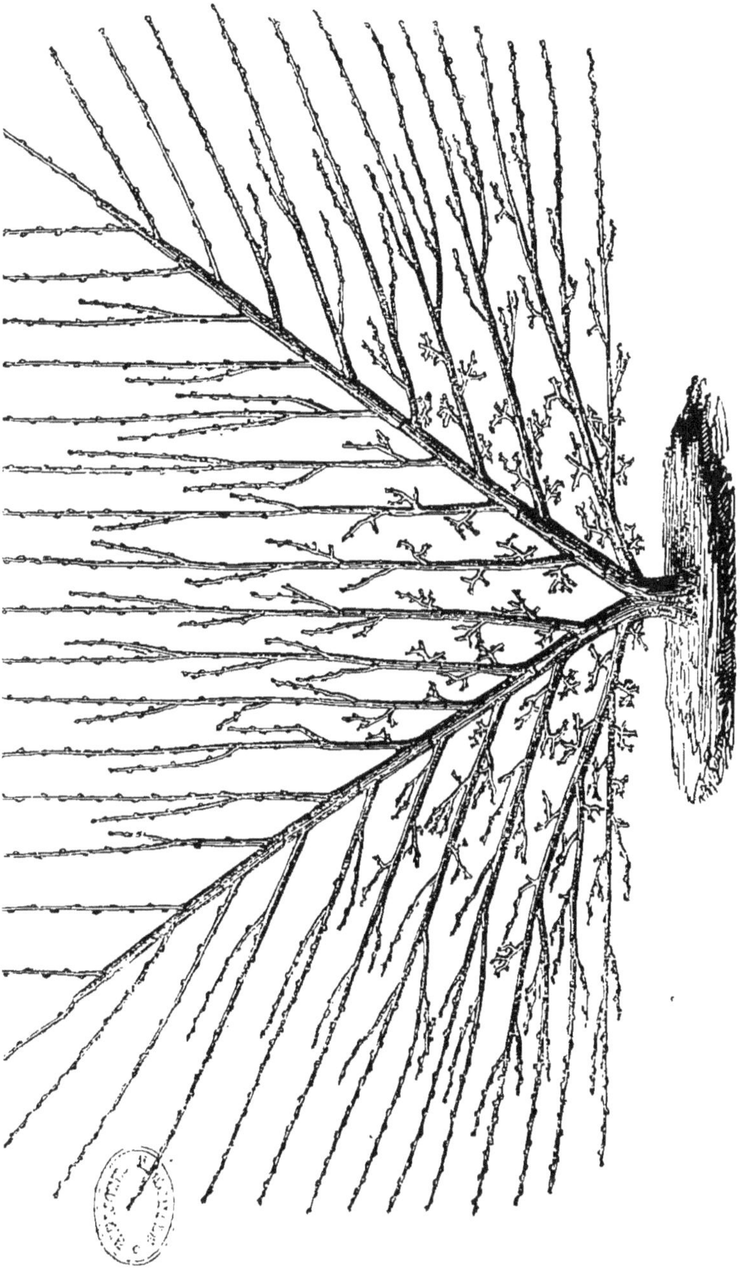

et la troisième qu'une seule; les autres sous-mères sont unitaires. Enfin, cet arbre a été trouvé tellement beau, que beaucoup de connaisseurs ont prétendu qu'il avait été élevé en espalier.

On peut certifier le contraire, puisqu'il a été visité par trois commissions différentes de la Société d'horticulture de Paris, de 1841 à 1844, et que M. Lepère me l'a vu élever, en 1838, à la place qu'il occupe aujourd'hui.

C'est d'après le dessin de la quatrième planche de la méthode de M. d'Albret que j'ai dirigé ce pommier, et aussi en souvenir des bons conseils qu'il m'a donnés alors qu'il était professeur de taille au Jardin des plantes.

Les autres variétés conviennent parfaitement en queue de paon, en éventail et en corbeille, avec tige de 1 à 2 m. de hauteur; les variétés les plus faibles produiront un très-bel effet en corbeille sans tige supérieure. On pourra consulter les détails que j'ai donnés pour les groseilliers.

ARTICLE 3.

Du Pommier en plein vent.

Les pommiers à haute tige en plein vent seront taillés les deux ou trois premières années, ainsi que je l'ai expliqué pour toutes les autres espèces conduites de cette manière, afin que la charpente se dessine, dès la première taille, sur 3 ou 4 branches; puis, la deuxième année, on prendra une branche secondaire sur chaque branche principale; l'année suivante, une seconde branche secondaire, afin d'obtenir une tête aussi régulière que possible; les années suivantes, on ne fera que pincer les bourgeons terminaux de chaque branche à la fin de juillet pour les empêcher de s'emporter.

On ne souffrira jamais de branches principales à l'intérieur de l'arbre; les pincements dans cette partie et à l'extérieur devront les entretenir facilement de coursons.

La séve monte dans le sens perpendiculaire par des tubes très-allongés et très-unis entre eux. En voici un exemple. En 1843, une vache est sortie de mon étable ; d'un bond elle a passé au travers d'un pommier basse tige en forme de vase et qui avait été reconnu pour avoir du mérite ; trois branches principales, longues de 2 m. 40 cent. chacune, furent rompues à 20 et 30 centimètres au-dessus du sol, et n'étaient plus attachées au pommier que par une portion d'aubier et d'écorce du côté opposé à cette rupture.

J'ai redressé immédiatement ces branches, qui étaient en pleine végétation, en emboîtant, autant que possible, ces tubes longitudinaux, les uns dans les autres, en rafraîchisant à la serpette les écorces et l'aubier offensés.

J'ai entouré chaque branche d'onguent Saint-Fiacre, puis, à l'aide de trois éclisses plus longues que la fracture, j'ai enveloppé cette partie avec une loque en drap et soumis le tout à une forte ligature, en soutenant dans leurs positions naturelles les branches cassées, au moyen d'un fort tuteur. En 1845, ces fractures ne se remarquaient plus que par quelques-uns des tubes de l'extérieur qui n'avaient pu être emboîtés et qui sont tombés en poussière. En 1846, l'écorce recouvrait entièrement ces ruptures.

Je ne livre ces détails que pour indiquer les moyens à employer dans une circonstance qui arrive fréquemment à la campagne, et pour faire connaître qu'il ne faut jamais désespérer d'un arbre quand il lui reste encore des principes d'existence. Je crois avoir expliqué tous les principes à l'aide desquels on parviendra facilement à former toute espèce d'arbre.

Que l'arboriculteur soit jeune ou vieux, que son intelligence soit plus ou moins développée, il parviendra toujours, du moment qu'il aura l'amour de son état, qu'il saura suffisamment lire pour étudier cette méthode dans ses soirées d'hiver et

la mettre en pratique pendant la végétation. C'est particulièrement dans le but
d'être utile à *ces derniers* que j'ai cru devoir entrer dans des détails qui fatigueront
peut-être l'arboriculteur amateur ; mais
cet art si précieux ferait-il des progrès si
l'on n'écrivait que pour l'homme éclairé ?
Alors je garderais le silence, car je ne
suis nullement un homme de lettres ; je
bornerais mes conseils à des leçons ora-
les, mais aussi je ferais moins de prosé-
lytes ; tandis qu'en tâchant de me mettre
à la portée de tous, j'ai l'espoir que ces
principes parviendront jusque dans les
campagnes les plus éloignées de notre
pays, éminemment propre à la culture
des arbres fruitiers dont les produits sont
une innocente convoitise pour l'enfant
comme pour le vieillard, pour le riche
comme pour le pauvre, qui n'a peut-être
jamais ressenti la jouissance de manger
une pêche douce, sucrée et bien par-
fumée.

Cependant il ne faudrait qu'un arboriculteur dans chaque village pour enseigner les moyens bien simples d'améliorer par la greffe tous les fruits de mauvaise qualité.

En 1837 j'ai été habiter Presles, à 3 myriamètres des portes de Paris, centre de lumière et de progrès. Presles ne possédait alors qu'un vieillard recherché de tous pour placer des poupées sur les sauvageons en rase campagne : non pas qu'il manquât de cultivateurs intelligents et capables de pratiguer la greffe en poupée ; mais l'oracle consultait les phases de lunes, ne pouvait suffire à tout, et l'on renvoyait à l'année suivante l'opération qu'un enfant aurait pu exécuter en temps opportun. D'autres occupations faisaient ensuite oublier le sauvageon qui ne rapportait que des fruits détestables. J'ai été assez heureux pour communiquer mon zèle à la plus grande partie de ses bons habitants pendant mes dix années de séjour, et je désirerais de tout mon cœur que les 37,295 communes de France ressemblassent à celle de Presles sous le rapport de ses progrès en arboriculture.

Après avoir indiqué les moyens de rajeunir les arbres qui seront sur le retour, j'expliquerai les principes des greffes les plus en usage.

CHAPITRE X.

Décadence des Arbres et moyens d'y remédier.

—

Jusqu'ici tous mes conseils avaient pour but de protéger la croissance de l'arbre, de lui faire atteindre l'échelon le plus élevé pour l'amener à l'état de perfection le plus complet. Maintenant il faut suivre l'ordre de la nature et lui faire descendre l'échelle de la vie le plus lentement possible, prolonger son existence par des tailles modérées, par des productions moins abondantes afin d'en jouir le plus longtemps possible.

A mesure que l'arbre avance en âge, sa physionomie change, ses faces deviennent plus sérieuses, le bois devient plus solide, les écorces plus dures, plus sèches, et la circulation de la séve se fait plus difficilement.

A l'état caduc, le bois est tellement compacte qu'il ne peut plus recevoir les sucs nécessaires à sa nourriture; il s'altère, meurt d'abord peu à peu, par parties; enfin la mort devient générale et termine la vie de l'arbre, comme elle termine celle de tous les animaux.

La durée de la vie d'un arbre peut se calculer sur la durée de son accroissement; ainsi un pêcher qui prendra en peu d'années tout son développement, périra plus tôt qu'un poirier qui pousse moins promptement.

Manière de rajeunir les arbres.

Avant l'âge de caducité, il arrive très-souvent qu'un arbre mal dirigé pendant le cours de sa croissance peut être rajeuni et reformé très-avantageusement. C'est à l'intelligence, aux progrès de l'arboriculteur à juger du degré de réforme qu'il conviendra d'appliquer à ces arbres.

Le premier degré consiste à le *rappro-*

cher sur le vieux bois jusqu'à la moitié de la longueur de ses branches, sur un œil ou un bourgeon que l'on aura disposé pendant la végétation précédente, afin de lui faire prendre la direction de la branche : si cet œil, ce bourgeon n'existaient pas, on pourrait pratiquer ce rapprochement tout près et au-dessus d'un nœud de chaque branche, pour faire développer ce bourgeon de prolongement qui sera traité, au fur et à mesure de sa croissance, d'après les principes indiqués.

Le deuxième degré, c'est de le *ravaler* jusqu'à la naissance de toutes ses branches principales pour reformer sa charpente.

Au moyen de cette opération, l'arbre pourra produire des bourgeons très-vigoureux ; dans ce cas, il faudra les espacer et les palisser régulièrement, pincer leurs extrémités herbacées à la fin de juillet, pour aoûter les yeux du bas, et tailler très-long au printemps suivant.

Le troisième degré, c'est de le *recéper*

à quelques centimètres au-dessus de la greffe. En mars 1838, j'ai pratiqué le recépage sur un pêcher en espalier, qui n'avait plus de végétation qu'à l'extrémité de ses branches; il s'est développé sur le collet de la greffe, un scion qui s'élevait, au mois d'août suivant, à 2 mètres 33 centimètres; j'ai pincé à cette époque, les parties herbacées de tous les bourgeons.

En 1839, jai taillé pour obtenir les deux branches mères ouvertes à 35 degrés. En 1840, les deux branches mères se sont prolongées en fournissant *chacune* deux branches secondaires en dessous. En 1841, j'ai obtenu, sur chaque branche mère, une troisième et quatrième branche secondaire, en supprimant le prolongement des branches mères, rez les quatrièmes branches secondaires, pour faire passer le cours de la séve, du sens vertical dans le sens horizontal. En 1842, j'ai taillé trois rameaux convenablement espacés sur chaque branche mère, pour former des branches supérieures et garnir l'intérieur du pêcher. La variété *pêche de Vénus* ne portait que quelques fruits, et poussait si vigoureusement à l'intérieur, qu'à la fin de juillet, j'ai greffé en écusson à œil dormant ; *toutes les branches de l'intérieur*, et les quatrièmes branches secondaires horizontales, à 10 centimètres au-dessus de leur naissance, c'est-à-dire, sur le bois de l'année précédente, avec la variété de chevreuse, qui produit beaucoup de fruit, mais qui pousse faiblement, afin d'être maître de la séve dans les parties les plus favorisées et en l'utilisant à la fructification. En 1843, j'ai rabattu toutes les branches greffées sur les écussons qui ont produit un si bon résultat, que mon jardinier en a posé plusieurs autres, de la variété de grosse mignonne, en dessus des branches mères.

Le 8 septembre 1844, ce pêcher se composait de deux branches mères, huit

secondaires en dessous et de six secondaires en dessus, total seize, en forme
de carré allongé et couvrant parfaitement
le mur. Les feuilles et les fruits provenant
des greffes, étaient d'une grandeur et
d'une grosseur extraordinaires ; la dernière commission de la Société d'horticulture de Paris m'avait honoré de sa visite ce même jour, et a cru devoir men-
tionner la restauration de ce beau pêcher
dans son rapport.

C'est en raison de la grande vigueur
du *scion*, sorti à travers les écorces du
bourrelet de la greffe après le recépage ,
que j'ai osé reformer ce pêcher sous la
forme carrée ; dans un cas semblable ,
je conseillerai de s'en tenir à la forme en
queue de paon en éventail et à la tige
verticale avec les membres horizontaux ;
car, si je ne leur ai pas donné la préférence sur la forme carrée avec deux
branches mères, c'est qu'en 1838 je ne
faisais que commencer cette nouvelle disposition de la tige verticale, qu'on ob-

tient plus promptement et qui fructifie plus facilement. Lorsqu'il s'agira du ravalement, on pourra disposer en éventail, les trois ou quatre bourgeons les mieux placés, parmi ceux qui développeront, et pincer tous les autres. Si l'arbre s'est bien reformé, à la taille suivante, on pourra prendre une branche secondaire sur chaque rameau. Ces principes peuvent s'appliquer à toutes les espèces d'arbres. On pourra remplacer la flèche des pyramides par une petite couronne ou série de branches.

Je recommande particulièrement la destruction des mousses et des écorces sèches, mais en apportant la plus grande attention aux dards et aux lambourdes. On détruira aussi le gui qui vit aux dépens des pommiers et poiriers en plein vent.

Lorsqu'un arbre, jeune encore, ne pousse que faiblement; que l'écorce de la tige se durcit et devient raboteuse, il faudra pratiquer une incision longitudinale dans la hauteur de la tige jusqu'à l'aubier.

QUATRIÈME PARTIE.

CHAPITRE I.

Des semis.

On nomme *franc* le sujet qui tient sa naissance de pepins de *poires* ou de *pommes sauvages;* et comme un arbre ne pousse jamais avec trop de vigueur, je conseille aux personnes qui sont trop éloignées des pépinières d'employer les moyens que j'ai pratiqués il y a trois ans, et qui m'ont parfaitement réussi : au mois d'octobre, on ramassera le résidu d'un pressoir à cidre qui contiendra des pepins de poires et de pommes sauvages. Après avoir préparé un petit coin de bonne terre, on en enlèvera la première couche à 4 ou 6 centimètres de profondeur; on étendra le résidu à 2 centimètres de hauteur sur toute la surface de la terre, on couvrira cette couche avec la terre enlevée, et on la battra avec le dos d'une pelle en bois. Le printemps suivant, le plant étant bien levé, sera éclairci, sarclé pour ouvrir la terre et le nettoyer des mauvaises herbes. Au mois d'octobre de la même année, on le levèra à la bêche pour séparer les espèces et planter les sujets en pépinière, à 30 ou 40 centimètres les uns des autres. Au printemps d'ensuite, on les soignera convenablement, et au mois d'août ou commencement de septembre, on greffera les plus forts en écusson. (J'expliquerai la manière de pratiquer les différentes greffes à la fin de la présente méthode.)

Si la greffe a réussi, on rabattra la tige du sauvageon au mois de mars suivant à 4 ou 6 centimètres au-dessus de l'écusson pour lui faire produire une *petite tigelle*. Si le sauvageon poussait des bourgeons *au-dessous de l'écusson*, il faudrait les supprimer avec la serpette, pour ne pas épuiser inutilement la séve qui doit nourrir la tigelle. Il est nécessaire, au contraire, de laisser un bourgeon au-dessus de la greffe, sur la partie du sauvageon qui a été réservée et que l'on nomme *l'onglet de la greffe*, afin d'attirer la séve. Quand la tigelle sera bien développée, on pincera seulement le bourgeon de l'onglet pour faire passer toute la séve au profit de la future tige. Ce pincement se renouvellera toutes les fois qu'il y aura nécessité, mais sans détruire ce bourgeon sauvage, parce que ses feuilles recevront de l'atmosphère une certaine nourriture qui passera toujours au profit de la tigelle.

Au mois de novembre suivant, ce jeune arbre sera bon à être planté définitivement, après avoir supprimé l'onglet de la greffe. Quoiqu'on ait beaucoup écrit sur la greffe en écusson à œil dormant, je ne puis m'empêcher d'expliquer en quelques mots l'âge auquel le sujet greffé pourra être planté, parce que cette explication ne se rapporte pas toujours avec ce qui a été annoncé sur cette partie de l'arboriculture, et que je tiens à éclairer mes lecteurs d'une manière très-précise.

L'âge de tout être vivant ne compte que du jour de sa naissance, et ce n'est qu'à partir du mois d'avril que le semis et l'écusson commencent à végéter. Ainsi, je suppose que le semis ait été fait au mois d'octobre 1843 : sa naissance n'a commencé qu'en avril 1844. Il a été mis en pépinière au mois d'octobre suivant. Au mois d'avril 1845, il était âgé d'un an ; au mois d'août ou septembre, il a été écussonné à œil dormant, âgé de dix-sept mois ; au mois d'avril 1846, il était âgé de deux ans, et la greffe ne faisait que de naître ; au mois de novembre suivant, le sujet était âgé de deux ans sept mois, et la greffe seulement de sept mois. Tel était l'âge des jeunes arbres que j'ai plantés l'année dernière.

Les coignassiers qui servent à recevoir les greffes proviennent d'une mère de même espèce qui a été recouchée.

Le progrès fera bientôt abandonner ce moyen de multiplication pour le remplacer par les semis. J'ai semé des pepins de coings qui ont produit des sujets tellement vigoureux, que je l'ai annoncé à MM. Jamin et Durand, qui ont approuvé cette amélioration, et qui vont se procurer des pepins de *coings du Portugal* pour introduire dans leurs pépinières cette variété à l'aide de semis.

Les *doucins* proviennent de scions qui poussent au pied des pommiers sur franc; on met les scions en pépinière, et on les greffe én écusson à œil dormant l'année suivante. On gagne au moins une année sur les semis, mais aussi quelle différence pour la durée de l'arbre!

Quant à la variété de *pommiers paradis,* on l'obtient également d'une mère de même espèce couchée en terre; mais cette variété est si peu vigoureuse que plusieurs pépiniéristes ne la cultivent plus : il vaut mieux s'attacher aux sujets d'une belle végétation.

Les pêchers se greffent en écusson sur l'*amandier* qui produit des fruits à *coques dures*. Au mois de février, on dispose dans un vase quelconque une couche de sable et une couche d'amandes, jusqu'à ce que le vase soit plein, puis on le dépose à la cave pour les disposer à la germination. Au mois d'avril on plantera les amandes de 40 à 50 centimètres de distance, sur une couche de bonne terre : les plus forts sujets pourront être greffés la même année. On greffe le pêcher plus rarement sur le prunier, parce qu'il pousse moins vigoureusement que sur l'amandier.

CHAPITRE II.

Des différentes sortes de greffes applicables aux arbres fruitiers.

A l'article de la _plantation des pyramides_, j'ai dit que les poiriers greffés sur franc ne se distinguaient pas les deux ou trois premières années par la qualité de leurs fruits. Comme ces sortes de sujets sont très-vigoureux, on pourra améliorer encore leur production en les greffant une seconde fois avec une variété moins vigoureuse que la première, mais supérieure en qualité. C'est ce qui m'a réussi bien des fois.

Je n'expliquerai que trois sortes de greffes qui résument, selon moi, toutes les autres, et qui suffisent dans toutes les circonstances.

D'après l'ordre de la végétation, la

première est la greffe en fente, qui se pratique de mars en avril.

La deuxième est la greffe par approche, qui peut s'exécuter pendant la force de la végétation.

La troisième est celle en écusson à œil dormant, qui se fait du 15 août au 15 septembre.

Première sorte de greffe.

Quand on voudra greffer en fente, il faudra couper, dès le mois de février, les rameaux qui devront servir de greffe, et les enterrer au pied d'un mur à l'exposition du nord, de manière à retarder leur végétation jusqu'à l'époque où il sera nécessaire de les employer.

A la fin de février, on supprimera, très-près de la tige, les branches superflues du sujet que l'on voudra greffer, pour n'en conserver *que trois ou quatre au plus* placées en forme de couronne.

Du 15 mars au 15 avril, suivant la température, on coupera horizontalement, de 10 à 20 centimètres au-dessus de leur naissance, les trois ou quatre branches réservées pour recevoir les greffes ; puis, avec un petit coin en fer aiguisé, de la largeur à peu près *des deux tiers du diamètre des branches*, on les fendra *au milieu du canal médullaire*, en frappant de petits coups de marteau sur la tête du coin, jusqu'à ce que la fente se prolonge de 4 à 8 centimètres des deux côtés des branches suivant la grosseur du sujet, et que la partie supérieure de cette fente soit assez écartée pour y insérer les greffes, une à droite et l'autre à gauche du coin. Je conseille de pratiquer cette fente dans la direction de l'est à l'ouest.

On choisira pour greffes deux rameaux d'égale grosseur, longs de 10 à 15 centimètres, garnis de trois yeux bien constitués, le sommet de chaque greffe se terminant par un œil. La partie à insérer formera deux biseaux en lame de couteau, de 4 à 6 centimètres de longueur, et sera taillée près d'un œil (n° 3), qu'on entrera un peu au-dessous du sommet de la fente ; tandis que la partie supérieure des greffes portera deux yeux , le n° 2 en dedans et le n° 1 correspondant au n° 3.

Le côté de la greffe qui sera inséré *dans l'intérieur de la branche* sera sans écorce et moins épais que celui du dehors ; celui-ci, au contraire, sera pourvu de son écorce dans toute sa hauteur, pour la mettre en rapport avec les écorces du sujet. L'autre greffe sera opposée à la première, les yeux inférieur et supérieur également en dehors de la branche. Alors on maintiendra les deux greffes avec le pouce et les doigts de la main gauche ; on enlèvera , *bien doucement* , de la main droite, le coin qui sera remplacé par une petite plaque d'écorce, pourvue d'un cran aux extrémités, et qui couvrira la fente, aboutira et soutiendra verticalement les deux greffes. On entourera toute la partie opérée avec l'onguent Saint-Fiacre, en forme d'une légère couche, puis une deuxième couche plus

épaisse de terre argileuse délayée et maintenue avec de la filasse, ou une loque
qu'on placera à cheval entre les deux
greffes en tournant les deux extrémités de
cette loque autour du sujet, et terminant
l'opération au-dessous des fentes en imitant la tête d'une poupée, en l'attachant
solidement et préservant les greffes au
moyen d'épines. Si les greffes en fente ne
réussissaient pas, au printemps même de
l'opération, il faudrait écussonner à œil
dormant *trois ou quatre bourgeons* bien
disposés, parmi ceux qui se développeront
pendant la végétation dans le voisinage
des greffes, et pincer, au contraire, tous
les bourgeons du sujet dès que les greffes
seront reprises.

Je viens de disposer deux poiriers en
plein vent à recevoir l'application de la
greffe en fente dans le courant du mois de
mars ; afin d'avoir des exemples à présenter à mes élèves, sur toutes les explications que j'ai données dans le courant de
cette méthode.

Deuxième sorte de greffe.

A l'article *poirier en vase*, j'ai indiqué la manière de greffer par approche un bourgeon sur une tige.

On peut greffer de même, pendant la végétation, un bourgeon sur toutes les parties d'un arbre où l'on voudrait obtenir une branche.

On peut aussi greffer deux bourgeons par approche, en enlevant une portion d'écorce d'un ou deux centimètres de longueur *sur chacun*, à la place où la jonction devra se faire; de manière que les écorces soient parfaitement en rapport et maintenues dans cette position, au moyen d'une ligature en laine peu serrée, et que l'on desserrera ensuite, après la suture, pour éviter que les bourgeons ne soient étranglés.

Troisième sorte de greffe.

Pour greffer en écusson *à œil dormant*, il faut attendre la fin d'août ou le commencement de septembre, se munir d'un greffoir, d'une pelote de laine grasse et de pousses de l'année, de la variété que l'on voudra multiplier.

On commencera par couper horizontalement, jusqu'à l'aubier, l'écorce du sujet à écussonner ; on introduira la pointe de la lame du greffoir au milieu de cette coupure, pour fendre l'écorce en descendant, de la longueur de trois ou quatre centimètres, suivant le volume du sujet, de manière que ces deux incisions représentent la figure d'un T allongé. On enlèvera avec la lame du greffoir, sur le bourgeon qu'on devra multiplier, une petite plaque d'écorce et d'aubier, munie d'un œil bien conformé et suffisamment entourée d'écorce ; on supprimera la feuille pour ne conserver que la moitié du pétiole qui protége cet œil.

On renversera l'écusson entre le pouce et l'indicateur de la main gauche, en le tenant par le pétiole, pour enlever bien doucement, avec l'écussonnoir, *l'aubier* de l'écusson qui *empêcherait* son adhérence sur le bois du sujet.

Si la racine de l'œil *restait* après ce petit morceau d'aubier, on s'en apercevrait de suite à la *cavité* de l'œil. Cet écusson sera *réformé* et remplacé par un nouveau.

Il faudra couper l'écorce de cet écusson pour le proportionner à la longueur de l'incision verticale du sujet; puis on soulèvera les écorces de cette même incision, en glissant l'écussonnoir de manière à pouvoir introduire facilement l'écusson que l'on tiendra par le pétiole. Quand il sera bien ajusté, on rapprochera avec les pouces les lèvres de l'incision; on prendra une longueur de laine proportionnée au volume du sujet : elle sera pliée en deux, pour former une boule qui donnera passage aux deux extrémités que l'on tendra jusqu'à ce que la boule serre les écorces du sujet *au-dessus de l'écusson*, puis l'on tournera la laine autour du sauvageon, sans trop serrer, pour ne pas gêner la circulation de la séve. On couvrira entièrement l'incision, excepté l'œil de l'écusson, qui doit s'apercevoir entre les cercles en laine, qui seront moins serrés au-dessous de l'œil, afin que la séve puisse assurer sa reprise; après quoi il faudra nouer les deux bouts de laine.

Si au bout de huit ou dix jours le pétiole *tombe*, l'écusson sera bon; si cet écusson vient à sécher, il faudra recommencer la greffe un peu plus bas, afin de faire disparaître, à la taille suivante, la cicatrice de la première opération. Dans le cas d'une grande sécheresse, il faudra répandre un paillis au pied du sujet greffé et l'arroser après le coucher du soleil. Cette précaution est très-bonne pour assurer la reprise de l'écusson, qui ne se développera qu'au printemps suivant, après qu'on aura rabattu l'onglet de l'écusson ou la tête du sujet.

L'ordre naturel de multiplication dans les végétaux est celui qui a lieu par les graines, mais ce n'est pas le plus prompt ; car, d'après l'explication que j'ai donnée sur le semis de pepins de poires et de pommes sauvages, le sujet propre à recevoir le greffe doit être âgé au moins de dix-huit mois. Nos forêts, au contraire, nous offrent journellement des sujets tout élevés, pour améliorer certaines espèces ; il suffit de les arracher vers le mois de novembre, et de les planter dans son jardin ou son champ.

Au printemps suivant, ou celui d'ensuite, on pourra les greffer en fente. Si l'opération n'a pas réussi, on greffera à œil dormant, vers le mois de septembre, les bourgeons des sauvageons qui se seront développés pendant la végétation. Quelques personnes greffent aussi en fente à cette époque ; mais la reprise en est bien douteuse, par la raison que cette sorte de greffe ne peut vivre qu'autant qu'une certaine somme de séve lui viendra du sujet ; et d'après les principes que j'ai expliqués sur la végétation, il vaut beaucoup mieux ne la pratiquer qu'au printemps et éviter la mutilation réitérée du sujet.

C'est au moyen des sucs nutritifs que s'opère la soudure des greffes avec le sujet. Dix ou douze jours après l'opération, on aperçoit, entre les deux parties rapprochées de la greffe en fente, un mucilage du même principe que la matière qui réunit une plaie chez les animaux.

Les arbres sont d'autant plus forts et plus élevés, que le sol, le climat et la situation dans lesquels ils vivent leur sont plus favorables. D'aussi loin que la vue peut apprécier la forme d'un arbre, on pourra juger de la disposition de ses racines par la disposition de ses branches : ceux dont la tête est ronde, comme dans le pommier, ont leurs racines *traçantes*, et ceux qui ont leurs racines *pivotantes*, tel que le poirier, ont leurs cimes *allongées*.

On peut se rendre compte d'une manière très-exacte de la hauteur d'un arbre à partir de la ligne du sol, jusqu'à l'extrémité de sa cime, au moyen d'un procédé très-puéril qui intéresse cependant beaucoup les grandes personnes.

On prendra deux bâtons égaux en longueur, de 33 centimètres, je suppose. Le premier, aiguisé d'un bout, sera introduit dans une petite fente pratiquée dans le milieu du n° 2, de manière à représenter la figure d'un ⊣ renversé. On posera sur le milieu des lèvres de sa bouche l'autre extrémité du n° 1, qui se trouvera dans une position horizontale et le n° 2 dans une position verticale, puis on avancera ou l'on reculera, jusqu'à ce que les deux extrémités du bâton n° 2, correspondent; l'inférieure au *pied* de l'arbre et la supérieure à sa *cime*. Ces quatre extrémités de l'arbre et du bâton n° 2 se rencontreront très-facilement en fermant l'œil gauche, en plaçant le pied du même côté *en avant*, et en tenant le bâton n° 1 entre le pouce et l'index de la main gauche. Alors la distance qui existera entre la pointe du pied et le bas de l'arbre sera exactement la longueur de cet arbre.

J'en ai fait abattre un grand nombre dont les cimes aboutissaient toujours à la distance que j'avais indiquée.

En terminant cet ouvrage, je prie M. Poiteau, le vénérable rédacteur de nos annales, le savant botaniste, de recevoir ici l'expression de ma reconnaissance pour les preuves de sympathie qu'il m'a données toutes les fois qu'il est venu à Presles, et pour son insistance à vouloir m'initier à la science de la botanique qui est au-dessus de mes faibles connaissances.

J'adresse aussi des remercîments à ceux de mes honorables collègues qui ont eu l'aimable attention de m'offrir le concours de leurs plumes distingués pour la rédaction de cette œuvre. J'ai dû les refuser, afin que mes explications fussent à la portée de tous les praticiens. J'ose donc espérer pouvoir donner d'utiles conseils et une bonne direction à ceux qui commencent ; ramener dans une meilleure voie ceux que la privation d'un guide sûr a pu égarer, et procurer enfin à tous le moyen d'obtenir de leur travail le meilleur résultat possible. Tel est le but que je me suis proposé ; l'atteindre serait ma plus douce récompense.

Les amateurs qui suivront mes cours dirigeront eux-mêmes de jeunes sujets, qui pourront devenir leur propriété, après la végétation de chaque année.

On est prié d'affranchir.

FAUTES A CORRIGER.

Page 130, ligne 4. Rectifier ainsi la ponctuation de la phrase : *Quant même.* A 50 ou 60 centimètres au-dessus, etc.

Page 131, ligne 2. *Lisez* les *au lieu de* ces.

Page 152, fig. 10. Le graveur a omis de figurer un rameau supérieur au 5ᵉ membre de gauche, et des branches fruitières sur chaque côté de la tige, dans l'intervalle des membres. On est prié de les ajouter.

Ces fautes s'expliquent par les événements dont Paris a été le théâtre, et qui ont apporté à l'impression de cet ouvrage une perturbation et des retards indépendants de la volonté de l'auteur.

LISTE

DES

VARIÉTÉS DE POIRIERS

COMPOSANT MA PLANTATION DE PARIS,

LA QUALITÉ ET L'ÉPOQUE DE MATURATION DE LEURS FRUITS.

NOMS DES FRUITS.	QUALITÉ.	MATURATION.
Grosse blanquette	2ᵉ	Juin.
Doyenné d'été	1ʳᵉ	Juillet.
Beurré Giffart	1ʳᵉ	*Id.*
Epargne ou Beau-Présent	2ᵉ	Août.
Bonne des Zées	1ʳᵉ	*Id.*
Louise bonne d'Avranches	1ʳᵉ	Septembre.
Beurré d'Amanlis	1ʳᵉ	*Id.*
Id. de Montgeron	1ʳᵉ	*Id.*
Frédéric de Wurtemberg	1ʳᵉ	Octobre.
Duchesse d'Angoulême	2ᵉ	*Id.*
Beurré Bosc	1ʳᵉ	*Id.*
Id. Aurore ou Capiaumont	1ʳᵉ	*Id.*
Id. Benoît	1ʳᵉ	*Id.*
Id. des Charneuses	1ʳᵉ	*Id.*
Id. du Mortier	1ʳᵉ	*Id.*
Id. William	1ʳᵉ	*Id.*
Id. Doré	1ʳᵉ	*Id.*
Id. Curtel	1ʳᵉ	*Id.*
Poire Amiral	1ʳᵉ	*Id.*
Bergamotte lucrative	1ʳᵉ	*Id.*
Adèle de Saint-Denis	1ʳᵉ	*Id.*
Saint-Michel archange	1ʳᵉ	*Id.*
Fleur de Neige	1ʳᵉ	*Id.*
Van Mons Léon Leclerc	1ʳᵉ	*Id.*
Poire Nectarine	1ʳᵉ	*Id.*
Beurré Picquery	1ʳᵉ	Novembre.
Colmar d'Aremberg	1ʳᵉ	*Id.*
Belle épine Dumas	1ʳᵉ	*Id.*
Archiduc Charles	1ʳᵉ	*Id.*
Fondante des bois	1ʳᵉ	*Id.*

NOMS DES FRUITS.	QUALITÉ.	MATURATION.
Marie-Louise Delcourt	1re	Novembre.
Poire Signoret	1re	Id.
Bergamotte Crassane	1re	Id.
Bon-Chrétien Napoléon	1re	Id.
Beurré d'Enghien	1re	Id.
Bergamotte Sageret	1re	Décembre.
Beurré d'Aremberg	1re	Id.
Belle de Berri	2^e	Id.
Nouveau Bouvier	1re	Id.
Triomphe de Jodoigne	1re	Id.
Passe-Colmar dorée	1re	Id.
Vraie Amberg	1re	Id.
Poire de Saint-Germain	1re	Id.
Beurré gris ordinaire	1re	Id.
Doyenné gris	1re	Id.
Beurré magnifique	1re	Id.
Délice de Charles	1re	Janvier.
Bonne après Noël	1re	Id.
Beurré de Sterkmann	1re	Id.
Saint-Germain ancien	1re	Id.
Beurré gris ancien	1re	Id.
Poire Saint-Jean-Baptiste	1re	Id.
Beurré d'Hardempont	1re	Id.
Colmar Nélis	1re	Id.
Beurré d'Anjou	1re	Id.
Fondante de Malines	1re	Id.
Beurré gris nouveau	1re	Février.
Passe-tardive	1re	Id.
Joséphine de Malines	1re	Id.
Suzette de Bavay	1re	Mars.
Beurré de Noirchain	1re	Id.
Doyenné d'hiver nouveau	1re	Id.
Beurré Rance	1re	Avril.
Bergamotte de Soulers	1re	Id.
Id. Espéren	1re	Mai.
Id. de la Pentecôte	1re	Id.

FIN.

TABLE DES MATIÈRES.

PREMIÈRE PARTIE.

DESCRIPTION DES ORGANES QUI CONSTITUENT UN ARBRE ET PHÉNOMÈNES ESSENTIELS DE LA VÉGÉTATION.

DEUXIÈME PARTIE.

DU CHOIX DES SUJETS ET DE LEUR PLANTATION.

TROISIÈME PARTIE.

DE LA TAILLE.

QUATRIÈME PARTIE.

Paris. — Imprimerie de Fain et Thunot, rue Racine, 28.